China Mechanical Engineering Curricula

中国机械工程学科教程

（2023年）

中国机械工程学科教程研究组　编

清华大学出版社
北京

内 容 简 介

本教程在2017年版的基础上，为适应新工科背景下机械工程教育的需求进行修订，提出了一个新版的机械工程学科本科教学要求的参考计划。本教程以机械工程知识体系为核心，将知识要素汇集为结构合理且易于实现的学习单元，便于教学方法和资源的共享，并为课程建设提供了一个基本框架，可供相关人员参考。

本教程共分8章，包括绪论、机械工程学科与机械类专业、学生、专业教育条件、机械工程教育知识体系、课程体系与教学计划、专业实践、工程教育认证。附录中介绍了一些国外知名大学机械工程专业课程设置的相关情况。

版权所有，侵权必究。举报：010-62782989，beiqinquan@tup.tsinghua.edu.cn。

图书在版编目(CIP)数据

中国机械工程学科教程.2023年/中国机械工程学科教程研究组编.—北京：清华大学出版社，2023.7 （2023.8重印）

ISBN 978-7-302-64060-8

Ⅰ.①中… Ⅱ.①中… Ⅲ.①机械工程-高等学校-教材 Ⅳ.①TH

中国国家版本馆 CIP 数据核字(2023)第121969号

责任编辑：苗庆波
封面设计：傅瑞学
责任校对：欧 洋
责任印制：曹婉颖

出版发行：清华大学出版社
　　　　网　　址：http://www.tup.com.cn, http://www.wqbook.com
　　　　地　　址：北京清华大学学研大厦A座　　邮　编：100084
　　　　社 总 机：010-83470000　　　　　　　　邮　购：010-62786544
　　　　投稿与读者服务：010-62776969，c-service@tup.tsinghua.edu.cn
　　　　质量反馈：010-62772015，zhiliang@tup.tsinghua.edu.cn

印 装 者：三河市龙大印装有限公司
经　　销：全国新华书店
开　　本：185mm×260mm　　印　张：11.25　　字　数：271千字
版　　次：2023年7月第1版　　　　　　　　　印　次：2023年8月第2次印刷
定　　价：48.00元

产品编号：102795-01

中国机械工程学科教程研究组

（2023 年）

名誉主任：李培根

主　　任：赵　继

执行主任：吴　波　巩亚东　袁军堂　贾民平

成　　员（按姓氏首字母排列）：

　　　　　　毕可东　董大伟　房海蓉　孔祥东
　　　　　　李郝林　刘　飞　刘振宇　刘志兵
　　　　　　罗远新　马炳和　潘柏松　孙　涛
　　　　　　王　玲　王书亭　王　勇　王永泉
　　　　　　闫纪红　姚建涛　庄红权　郑莉芳
　　　　　　郑李娟

秘　　书：苗庆波

中国机械工程学科教程研究组

（2017年）

主　　任：李培根

执行主任：吴　波　贾民平

成　　员（按姓氏首字母排列）：

　　　　　车建明　黄　平　孔祥东　李郝林

　　　　　潘柏松　钱瑞明　王　玲　王润孝

　　　　　王　勇　闫纪红　阎开印　袁军堂

秘　　书：庄红权

中国机械工程学科教程研究组

（2008 年）

主　　任：李培根

执行主任：陈关龙　吴昌林

成　　员（按姓氏首字母排列）：

　　　　　高　炉　郭钟宁　李　旦　李郝林

　　　　　李尚平　李先正　芮执元　盛颂恩

　　　　　许明恒　许映秋　于晓红　张　慧

秘　　书：庄红权

序

　　机械工业是国家工业体系中的核心产业,担负着向国民经济各部门和各领域提供技术装备的任务,其发展规模和技术水平是衡量一个国家综合实力的重要标志。近年来,随着新工业革命的加速到来,从各种自动化设备的生产到高速铁路的建设,从新能源汽车的研发到航空航天科技的突破,无论是在传统产业的技术改造还是新兴产业的创新发展中,机械工程都扮演着不可或缺的重要角色。机械工程教育作为高等工程教育的重要组成部分,为给国家产业发展和经济建设提供大批高级专门人才做出了重要贡献,积累了宝贵的教育经验。历史经验表明,制造业和机械工程产业的分工、合作与竞争,归根结底是人才的竞争,只有培养出一大批能够引领产业发展、转型升级和新兴业态的创新人才,才能在竞争与合作中占据主动。

　　当今世界正在发生许多重大变化,其中的一些深刻变化及其影响是历史上从未有过的。回望过去的半个世纪,令人印象深刻的变化之一是,全球化、数字化和超链接革命导致科学、技术、工程、经济和社会,乃至个人层面都发生了前所未有的范式转变。未来,人工智能与学科专业的深度融合、跨学科网络以及合作模式的扁平化,会消除某些工程领域的学科专业划分,科学、技术、经济和社会文化的深度交融,使人们可以充分使用便捷的软件、工具、系统乃至大模型,改变或颠覆设计、制造、服务和消费方式。因此,机械工程教育不仅要服务于现有产业,而且要引领产业转型升级和创新发展;机械工程教育改革不应拘泥于现有学科专业形态,更应该向科技、社会和产业的本质深处寻求答案;机械工程教育发展需要适应科技、产业和社会快速前行的步伐,应当更加具有前瞻性、创新性、开放性和融合性。

　　《中国机械工程学科教程》(以下简称《教程》)作为教育部高等学校机械类专业教学指导委员会(以下简称机械类专业教指委)近几届委员工作的重要成果之一,在原机械类专业教指委主任李培根院士的带领下,自 2008 年出版以来,经历了 2017 年的再版修订,为我国高等院校机械工程专业建设和教学改革提供了有价值的参考。随着科技、产业和高等教育的发展,特别是数字化、网络化、智能化技术深度融入机械工程和制造业所带来的产业变革,以及高等教育进入普及化阶段呈现的多样化趋势,机械工程教育的专业边界、知识内涵和课程体系都面临着重新认识、调整再构和改造升级的重要任务。本次《教程》的再版修订,就是基于上述认识,在保留原《教程》精髓的基础上,由一批教学经验丰富的机械类专业教指委委员共同修订完成的。

　　本次《教程》的修订工作秉持三个初衷和原则:

　　一是继承传统。《教程》的前两版是机械类专业教指委、中国机械工程学会组织学科专家经历了多轮打磨形成的集体智慧和研究成果,本次再版修订工作基于原《教程》的已有基础,保留了上一版《教程》的基本结构和框架。考虑到国内机械工程学科发展和专业建设出现的新情况,新版《教程》从学生、专业教育条件、知识体系、课程体系、专业实践和工程教育认证等多个方面对内容进行了修改和补充,特别是在知识体系和核心课程凝练等方面着力体现时代性,试图为国内开设机械工程及相关专业的高校提供参考。

二是面向未来。在上一版《教程》出版之后，无论是机械工程学科的发展、机械工程专业知识体系和课程体系的变化、《工程教育认证标准》的更新，还是国内众多高校机械工程教育的改革探索和实践总结，都为本次再版修订注入了新的思想和内容。作为专业建设和人才培养的参考性教学指南，我们主张，《教程》的内容不应当是一成不变的，需要与时俱进，在伴随学科成长的过程中汲取营养，获得新的生命力。

三是开放多元。《教程》的内容遵循开放性和多元性的理念，力图为多样化的机械工程教育和不同类别的高校提供多种选择和出口。虽然《教程》旨在为开设机械工程及相关专业的高校提供教学指导和参考，但在介绍方式上只侧重于专业建设的基本要求，而将专业特色留给各所高校在实践中去探索。同时，尽可能地将《教程》写得更加开放一些，尽量多提供一些经典课程案例和典型实践案例，为相关高校提供多样化的选择和借鉴。

此次《教程》的修订工作从2021年6月启动，经历了2年的时间，有众多高校机械工程领域的专家直接参与，历经多轮书稿研讨会议，最终形成了目前的新版《教程》。机械类专业教指委、中国机械工程学会、清华大学出版社等对《教程》的修订和出版给予了充分重视和大力支持，许多委员、专家和编辑付出了辛勤的努力和汗水，可以说，这是一项共同合作的劳动成果。在新版《教程》成稿并即将付梓之际，我们向上述所有参与几个版本《教程》的编写、审阅、编校和出版的朋友们一并表示由衷的敬意和感谢！

我们希望《教程》能够对机械工程及其相关专业的人才培养起到一定的促进作用，希望通过使用和参与《教程》的研讨，为有志于从事机械工程及其相关学科专业建设和创新人才培养的教师、工程技术人员提供一个交流合作与协同育人的平台。

赵继

2023年6月

序
（2017年）

新工业革命正在深刻地改变着世界，中国正在向世界工业强国的行列迈进，如此大背景下的我国机械工程高等教育面临着严峻的挑战。

《中国机械工程学科教程》（以下简称《教程》）自2008年出版以来，成为很多高等院校机械学科教学改革的重要参考书之一。此次再版修订，希望《教程》不断地为机械学科教学改革服务。

常常听到部分企业界人士提出这样的话题：大学能否为企业进行订单式的人才培养？这种要求看似简单、直白，却反映了当前学校人才培养工作的一种尴尬：企业对工程人才培养现状并不满意。如何使企业满意？答案却不是简单明了的。大学中部分教授和企业中的某些工程师可能愿意采用简单的答案：订单式培养。我虽然一贯主张大学与业界的紧密联系，主张工程教育应该直面企业需求，主张让更多的非专任教师走上大学的讲台（不只是讲座，还包括课程中某些内容的讲授），可是若完全让企业的现实需求牵着鼻子走，似乎也令我惶惑不安。在我看来，有两种不同的企业需求，一种是眼前的、完全实用主义的需求，另一种是长远的、预期的需求，也是大学应该尽量去满足的。如果一个企业的订单式培养计划着眼于长远的、预期的需求，那么委托某大学按其订单要求培养，或许还有合理成分。否则，仅止于当下实用主义的需求，就不可能真正培养出面向未来工程发展的人才。

或许有人会质疑，大学有不同层次，如研究型、应用型等，应用型大学为何不着眼于当下现实需求，何必着眼于长远、预期的需求？其实，应用型人才的工作难道不也是随着技术的发展而变化的吗？我们能够想象在APP广泛应用的时代，在可穿戴的时代，在人工智能的时代，应用型人才还是一成不变的吗？因此，各种层次的工程人才的培养都需要着眼于未来的、预期的需求。

引领工业的未来需求，大学工程教育责无旁贷。那么工程教育中的教材改革应该做些什么？

我曾提出过高等工程教育边界再设计的想法。专业边界在哪里？对于某个专业而言，其课程体系的边界在哪里？某一门课程内容的边界又在哪里？这些实际上是业界未来发展趋势和人才市场的潜在需求对高等工程教育提出的挑战，当然是大学工程教育必须面对的问题。

有两点需要特别注意。其一，面向企业长远的、预期需求的边界再设计，既不是某些工程师仅基于企业眼前需求的实用主义呼唤，更不能只是某些教授关在象牙塔中的虚构。它必须是业界人士与教授们融合、协同的产物。其二，不同类型、不同层次的院校对《教程》中内容的选择或组合可以不一样。尤其是应用型大学，一味地向研究型大学趋同的做法显然是不可取的，甚至是荒唐的。

长远的、未来的需求不能是虚无缥缈、遥不可及的，它毕竟是可预期的，是业界人士也可感知的即将到来的变化。既如此，不可能产生一个长时间不变的"边界再设计"，而是需要一个不断进化的"边界再设计"。换言之,"边界再设计"应该是大学的常态工作,不是一时的,而是长期的;不是静止的,而是动态的。

  教育部高等学校机械类专业教学指导委员会与中国机械工程学会、清华大学出版社合作编写、出版这本《教程》,规划机械专业乃至相关课程的内容。希望《教程》既体现前瞻,又立足于企业可预期的需求。《教程》提供了一个平台,衷心希望有志于此的教师、工程师利用这个平台,持续、有效地展开专业的、课程的边界再设计,使得教学内容总能跟上技术的发展,使得大学培养的人才更能为社会所认可,为企业所欢迎。

2017 年 4 月

出 版 说 明

（2023 年）

《中国机械工程学科教程》于 2008 年 7 月由清华大学出版社出版，于 2017 年 7 月再版修订，两版教程均以机械工程知识体系为核心，为广大高校机械类院系了解现代机械工程本科教育的知识体系、课程体系与教学计划起到了重要的参考作用。近几年，国家确定并倾力推进"制造强国战略"，智能制造为我国从"制造大国"跨越为"制造强国"提供了开道超车、跨越发展的重大历史机遇，也是我国实现科技自立自强的重要途径。智能制造前沿高地的争夺归根结底是人才的竞争，智能制造人才的需求对机械工程人才培养提出了更高的要求。

在此新形势下，在教育部高等学校机械类专业教学指导委员会主任委员赵继教授、副主任委员吴波教授和秘书长巩亚东教授的积极倡导和组织下，教育部高等学校机械类专业教学指导委员会会同中国机械工程学会、清华大学出版社于 2021 年 6 月在天津理工大学成立了教程改版研究组（简称"研究组"），以期在保持教程的延续性的基础上，结合新形势、新要求，更新知识体系、课程体系与教学计划，编写新《中国机械工程学科教程（2023 年）》。研究组中，李培根院士为名誉主任，赵继教授为主任，吴波教授、巩亚东教授、袁军堂教授、贾民平教授为执行主任，华中科技大学、南京理工大学、东南大学、天津大学、北京科技大学、西南交通大学、北京理工大学、重庆大学、上海理工大学、浙江大学、山东大学、广东工业大学、浙江工业大学、燕山大学、西安交通大学、西北工业大学、哈尔滨工业大学、北京交通大学等高校的一线机械工程教育专家作为成员，并特别邀请了中国机械工程学会的行业专家参与编写。

在教程改版期间，研究组通过各种方式多方征集意见，分别在天津理工大学、上海理工大学、浙江海洋大学、常熟理工学院等高校召开研讨会，并多次召开线上会议，在坚持继承传统、面向未来和开放多元三个初衷和原则的基础上，博采众长、群策群力、集思广益、积极研讨、充分论证，力求在保持原版教程的体系框架不变的基础上，有所突破与创新。研究组通过两年的努力，进一步研究探讨了我国机械工程学科的教育思想，以及机械专业的知识体系、课程体系以及教学计划等，并结合部分具有代表性的高校专业建设与专业认证的新成果，最终形成了《中国机械工程学科教程（2023 年）》。

东北大学赵继教授、华中科技大学吴波教授、东北大学巩亚东教授、南京理工大学袁军堂教授、东南大学贾民平教授审阅了全书。除了研究组的成员，王磊（天津大学）、马飞（北京科技大学）、康翌婷（北京科技大学）、赵鑫鑫（北京科技大学）、胡洪斌（西南交通大学）、沈伟（上海理工大学）、杨丽红（上海理工大学）、丁子珊（上海理工大学）、钱瑞明（东南大学）、王玉娟（东南大学）、阚亚鲸（东南大学）、谢玉东（山东大学）、霍志璞（山东大学）、姚春燕（浙江工业大学）、张利（浙江工业大学）、潘国兵（浙江工业大学）、金森（燕山大学）、艾超（燕山大学）、刘晓飞（燕山大学）、江平宇（西安交通大学）、胡楚雄（清华大学）、温鹏（清华大学）、林智荣（清华大学）、胡永祥（上海交通大学）、郭为忠（上海交通大学）、凌玲（华中科技大学）、陈冰（华中科技大学）、常智勇（西北工业大学）、蒋建军（西北工业大学）、代富平(西北工业大学)、王琳(西北工业大学)、石磊(西北工业大学)、缪云(中国机械工程学会)等高校教师及行业专家参与了教程编写或提供了非常有益的意见和建议,为本书的出版作出了很大贡献,在此一并向他们表示感谢!

  科学技术不断发展和形势的不断变化,必将带来机械工程本科教育的知识体系、课程体系与教学计划的改变。我们诚挚希望在机械工程教学一线的专家同仁结合自身的教学实践经验提出宝贵意见,积极参与到项目研究中,并结合自身的教学实践来充实、完善我们的研究成果。

中国机械工程学科教程研究组
2023 年 6 月

出版说明

（2017 年）

《中国机械工程学科教程》于2008年7月由清华大学出版社出版以来，为广大机械类高校了解机械工程本科教育的知识体系、设置课程、制订培养计划起到了重要的参考作用。《中国制造2025》描绘了我国建设制造强国的宏伟蓝图，实现制造强国的战略目标，关键在人才。深化工程教育教学改革，强化学生工程实践能力培养势在必行。

在此新形势下，教育部高等学校机械类专业教学指导委员会会同中国机械工程学会、清华大学出版社于2015年8月在燕山大学成立了教程改版研究组，以期在保持教程的延续性的基础上，结合新形势、新要求，更新知识体系和课程体系，启动了编写《中国机械工程学科教程（2017年）》的项目。

研究组以李培根院士为主任，吴波教授、贾民平教授为执行主任，集合了华中科技大学、东南大学、天津大学、西南交通大学、华南理工大学、山东大学、哈尔滨工业大学、浙江工业大学、南京理工大学、上海理工大学、西北工业大学、燕山大学等高校的一线机械工程教育专家作为成员，并特别邀请了中国机械工程学会的行业专家。研究组通过近两年的努力，进一步研究探讨了我国机械工程学科的教育思想、机械专业的知识体系、课程体系以及教学计划等，并结合部分代表性高校专业建设与专业认证的新成果，最终形成了《中国机械工程学科教程（2017年）》。

在此期间，研究组通过各种方式多方征集意见，分别在燕山大学、南京理工大学、浙江工业大学、山东大学、西南交通大学等高校召开研讨会，集思广益，充分论证，力求在保持原教程的体系框架不变的基础上，有所突破与创新。

本书在成书过程中还通过教育部高等学校机械类专业教学指导委员会征求了很多高校与企业的意见，上海交通大学陈关龙教授、华中科技大学吴昌林教授审阅了全书。除了研究组的人员外，张策（天津大学）、王树新（天津大学）、张祖涛（西南交通大学）、高明（西南交通大学）、姜兆亮（山东大学）、陈淑江（山东大学）、刘刚（山东大学）、梁利华（浙江工业大学）、金伟娅（浙江工业大学）、汪惠芬（南京理工大学）、王芳（南京理工大学）、徐骏善（南京理工大学）、李理光（同济大学）、王东（同济大学）、卢玫（上海理工大学）、马炳和（西北工业大学）、罗剑（西北工业大学）、李旦（哈尔滨工业大学）、李仕华（燕山大学）、金淼（燕山大学）、赵海燕（清华大学）、何存富（北京工业大学）、张杰（北京科技大学）、于靖军（北京航空航天大学）、冯慧华（北京理工大学）、王华庆（北京化工大学）、巩亚东（东北大学）、崔岩（大连理工大学）、戴士杰（河北工业大学）、郭文武（石家庄铁道大学）、杨灿军（浙江大学）、章俊良（上海交通大学）、郭宇（南京航空航天大学）、杨旭静（湖南大学）、赵前程（湖南科技大学）、林有希（福州大学）、成思源（广东工业大学）、汤宝平（重庆大学）、杨平（电子科技大学）、王杰（四川大学）、蔡勇（西南科技大学）、段玉岗（西安交通大学）、韩建海（河南科技大学）、刘永平（兰州理工大学）、孙文磊（新疆大学）；吴斌兴（中联重科股份有限公司）、谭桂斌（国机智能科技有限公司）、吴玲（上汽集团商用车技术中心）、王坤全（中车集团资阳机车有限公司)、张赣(重庆长客轨道车辆有限公司)、胡建平(成都飞机工业(集团)有限责任公司)、叶农(北京精雕科技有限公司)、江平(浙江晨龙锯床有限公司)、梅领亮(广东正业科技股份有限公司)等高校教师及企业界专家参与了教程编写或提供了非常有益的意见和建议,为本书的出版作出了很大贡献,在此一并向他们表示感谢!

  由于新形势的不断变化,此次研究尚存在一些不足。特别是近年来,机械工程学科的内涵不断拓展,机械工程专业设置也有所调整。研究组已经开展了对车辆工程、机器人工程等专业的调研与研讨,期待通过广大院校教师的共同努力,不断把学科、专业的知识体系与核心课程体系梳理清晰,把教学工作做好,把学生培养好。我们诚挚希望在机械工程教学一线的专家同仁结合自身的教学实践,向我们提出宝贵意见,积极参与到项目研究之中。

中国机械工程学科教程研究组

2017 年 4 月

出 版 说 明

(2008年)

机械工程学科是机械学科及其技术、工程的总称。它与人类社会活动关系十分密切,应用非常广泛,是为国民经济建设和社会发展提供各类机械装备和生产制造技术,以创造物质财富和提高文明水准的重要学科。

进入21世纪以来,中国机械工程教育事业既面临着挑战,也面临着难得的发展机遇。机械制造业已经成为带动中国经济持续增长的最重要的产业之一。目前,我国面临着从制造业大国走向制造业强国的迫切需要,先进制造技术列为中国在今后15年建设创新型国家重点发展的技术领域,对机械工程人才的要求将越来越高,机械工程教育面临着大有作为的重要战略机遇期。

为此教育部高等学校机械设计制造及其自动化专业教学指导分委员会会同中国机械工程学会、清华大学出版社启动了"中国机械工程学科教程研究"项目,以期确立机械工程学科教育知识体系的框架,确定课程体系的基础及核心内容。

在李培根主任委员的倡导和积极组织下,组建了研究组。该研究组以李培根院士为主任,陈关龙、吴昌林为执行主任,集合了华中科技大学、上海交通大学、西南交通大学、北京科技大学、哈尔滨工业大学、东南大学、山东大学、浙江工业大学、上海理工大学、广东工业大学、钦州学院、兰州理工大学等高校的一线机械工程教育专家作为成员,并特别邀请了中国机械工程学会的一些专家。研究组通过将近两年的努力,经过各种方式多方征集意见,研究探讨了我国机械工程学科的教育思想、课程体系以及教学计划等,并结合国内外部分著名高校机械工程专业的教学成果,形成了《中国机械工程学科教程》。

本教程采用知识领域边界再设计的方法,以学术界的研究成果和机械工业界的良好建议为基础,基于中国机械工程教育的现状和发展,构造机械工程本科专业教育的知识体系和框架,建立良好的课程知识体系,使机械工程本科教学更系统、适应现代机械工程技术和经济的发展。

本书经过研究组的多次研讨,并通过教育部高等学校机械设计制造及其自动化专业教学指导分委员会征求了很多高校的意见。在将近两年的时间里,除了研究组的人员外,吴宗泽(清华大学)、余梦生(北京科技大学)、郭可谦(北京航空航天大学)、庞思勤(北京理工大学)、张有忱(北京化工大学)、高铁红(河北工业大学)、谢黎明(兰州理工大学)、靳岚(兰州理工大学)、钱瑞明(东南大学)、张进生(山东大学)、李凯岭(山东大学)、王志(山东大学)、何汉武(广东工业大学)、毛宁(广东工业大学)、高健(广东工业大学)、苗剑(广西大学)、李健(广西工学院)、徐武彬(广西工学院)、潘晓弘(浙江大学)、潘柏松(浙江工业大学)、秦宝荣(浙江工业大学)、李理光(同济大学)、王振亚(同济大学)、卢玫(上海理工大学)、许敏(上海交通大学)、杨培中(上海交通大学)、苏永康(上海交通大学)、王殿龙(大连理工大学)、张庆春(哈尔滨工业大学)、邵东向(哈尔滨工业大学)、杜彦良(石家庄铁道学院)、袁军堂(南京理工大学)等高校教师参与了教程编写或提供了非常有益的意见和建议,为本书的出版作出了很大贡献,在此一并向他们表示感谢!

由于种种原因,此次研究尚存在一些不足。诚挚希望在机械工程教学一线的专家同仁根据自身的教学特点提出宝贵意见,积极参与到项目研究之中,并结合教学实践来充实、完善我们自己的课程体系研究成果。

中国机械工程学科教程研究组

2008 年 7 月

目 录

- 第0章 绪论 ⋯⋯⋯⋯⋯⋯⋯⋯⋯⋯⋯⋯⋯⋯⋯⋯⋯⋯⋯⋯⋯⋯⋯⋯⋯⋯⋯⋯⋯⋯⋯ 1
  - 0.1 导言 ⋯⋯⋯⋯⋯⋯⋯⋯⋯⋯⋯⋯⋯⋯⋯⋯⋯⋯⋯⋯⋯⋯⋯⋯⋯⋯⋯⋯⋯⋯⋯ 1
  - 0.2 本教程的编写原则 ⋯⋯⋯⋯⋯⋯⋯⋯⋯⋯⋯⋯⋯⋯⋯⋯⋯⋯⋯⋯⋯⋯⋯⋯⋯ 2
  - 0.3 本教程的结构 ⋯⋯⋯⋯⋯⋯⋯⋯⋯⋯⋯⋯⋯⋯⋯⋯⋯⋯⋯⋯⋯⋯⋯⋯⋯⋯⋯ 2
- 第1章 机械工程学科与机械类专业 ⋯⋯⋯⋯⋯⋯⋯⋯⋯⋯⋯⋯⋯⋯⋯⋯⋯⋯⋯⋯ 3
  - 1.1 机械工程发展简史 ⋯⋯⋯⋯⋯⋯⋯⋯⋯⋯⋯⋯⋯⋯⋯⋯⋯⋯⋯⋯⋯⋯⋯⋯⋯ 3
    - 1.1.1 古代机械 ⋯⋯⋯⋯⋯⋯⋯⋯⋯⋯⋯⋯⋯⋯⋯⋯⋯⋯⋯⋯⋯⋯⋯⋯⋯ 3
    - 1.1.2 近代机械工程 ⋯⋯⋯⋯⋯⋯⋯⋯⋯⋯⋯⋯⋯⋯⋯⋯⋯⋯⋯⋯⋯⋯⋯ 4
    - 1.1.3 现代机械工程 ⋯⋯⋯⋯⋯⋯⋯⋯⋯⋯⋯⋯⋯⋯⋯⋯⋯⋯⋯⋯⋯⋯⋯ 4
  - 1.2 中国的机械工业 ⋯⋯⋯⋯⋯⋯⋯⋯⋯⋯⋯⋯⋯⋯⋯⋯⋯⋯⋯⋯⋯⋯⋯⋯⋯⋯ 6
  - 1.3 机械工程学科简介 ⋯⋯⋯⋯⋯⋯⋯⋯⋯⋯⋯⋯⋯⋯⋯⋯⋯⋯⋯⋯⋯⋯⋯⋯⋯ 7
  - 1.4 中国机械工程专业人才培养 ⋯⋯⋯⋯⋯⋯⋯⋯⋯⋯⋯⋯⋯⋯⋯⋯⋯⋯⋯⋯⋯ 8
  - 1.5 国外工程教育的特点 ⋯⋯⋯⋯⋯⋯⋯⋯⋯⋯⋯⋯⋯⋯⋯⋯⋯⋯⋯⋯⋯⋯⋯⋯ 11
  - 1.6 工程教育专业认证 ⋯⋯⋯⋯⋯⋯⋯⋯⋯⋯⋯⋯⋯⋯⋯⋯⋯⋯⋯⋯⋯⋯⋯⋯⋯ 12
- 第2章 学生 ⋯⋯⋯⋯⋯⋯⋯⋯⋯⋯⋯⋯⋯⋯⋯⋯⋯⋯⋯⋯⋯⋯⋯⋯⋯⋯⋯⋯⋯⋯⋯ 13
  - 2.1 知识结构与能力 ⋯⋯⋯⋯⋯⋯⋯⋯⋯⋯⋯⋯⋯⋯⋯⋯⋯⋯⋯⋯⋯⋯⋯⋯⋯⋯ 13
  - 2.2 科学方法 ⋯⋯⋯⋯⋯⋯⋯⋯⋯⋯⋯⋯⋯⋯⋯⋯⋯⋯⋯⋯⋯⋯⋯⋯⋯⋯⋯⋯⋯ 16
  - 2.3 工程素养 ⋯⋯⋯⋯⋯⋯⋯⋯⋯⋯⋯⋯⋯⋯⋯⋯⋯⋯⋯⋯⋯⋯⋯⋯⋯⋯⋯⋯⋯ 18
- 第3章 专业教育条件 ⋯⋯⋯⋯⋯⋯⋯⋯⋯⋯⋯⋯⋯⋯⋯⋯⋯⋯⋯⋯⋯⋯⋯⋯⋯⋯⋯ 19
  - 3.1 师资 ⋯⋯⋯⋯⋯⋯⋯⋯⋯⋯⋯⋯⋯⋯⋯⋯⋯⋯⋯⋯⋯⋯⋯⋯⋯⋯⋯⋯⋯⋯⋯ 19
    - 3.1.1 专业课程教师 ⋯⋯⋯⋯⋯⋯⋯⋯⋯⋯⋯⋯⋯⋯⋯⋯⋯⋯⋯⋯⋯⋯⋯ 19
    - 3.1.2 基础课程与实践环节教师 ⋯⋯⋯⋯⋯⋯⋯⋯⋯⋯⋯⋯⋯⋯⋯⋯⋯⋯ 20
  - 3.2 专业教学资源 ⋯⋯⋯⋯⋯⋯⋯⋯⋯⋯⋯⋯⋯⋯⋯⋯⋯⋯⋯⋯⋯⋯⋯⋯⋯⋯⋯ 21
  - 3.3 专业教育支撑 ⋯⋯⋯⋯⋯⋯⋯⋯⋯⋯⋯⋯⋯⋯⋯⋯⋯⋯⋯⋯⋯⋯⋯⋯⋯⋯⋯ 22
- 第4章 机械工程教育知识体系 ⋯⋯⋯⋯⋯⋯⋯⋯⋯⋯⋯⋯⋯⋯⋯⋯⋯⋯⋯⋯⋯⋯⋯ 24
  - 4.1 知识体系的结构 ⋯⋯⋯⋯⋯⋯⋯⋯⋯⋯⋯⋯⋯⋯⋯⋯⋯⋯⋯⋯⋯⋯⋯⋯⋯⋯ 24
  - 4.2 专业教育组成 ⋯⋯⋯⋯⋯⋯⋯⋯⋯⋯⋯⋯⋯⋯⋯⋯⋯⋯⋯⋯⋯⋯⋯⋯⋯⋯⋯ 24
  - 4.3 机械工程教育知识领域 ⋯⋯⋯⋯⋯⋯⋯⋯⋯⋯⋯⋯⋯⋯⋯⋯⋯⋯⋯⋯⋯⋯⋯ 25
    - 4.3.1 工程基础 ⋯⋯⋯⋯⋯⋯⋯⋯⋯⋯⋯⋯⋯⋯⋯⋯⋯⋯⋯⋯⋯⋯⋯⋯⋯ 26
    - 4.3.2 机械设计原理与方法 ⋯⋯⋯⋯⋯⋯⋯⋯⋯⋯⋯⋯⋯⋯⋯⋯⋯⋯⋯⋯ 38
    - 4.3.3 机械制造工程原理与技术 ⋯⋯⋯⋯⋯⋯⋯⋯⋯⋯⋯⋯⋯⋯⋯⋯⋯⋯ 47
    - 4.3.4 机械系统传动与控制 ⋯⋯⋯⋯⋯⋯⋯⋯⋯⋯⋯⋯⋯⋯⋯⋯⋯⋯⋯⋯ 54
    - 4.3.5 制造赋能技术 ⋯⋯⋯⋯⋯⋯⋯⋯⋯⋯⋯⋯⋯⋯⋯⋯⋯⋯⋯⋯⋯⋯⋯ 60

第5章 课程体系与教学计划 … 68
5.1 课程建设的指导原则 … 68
5.2 课程体系结构 … 68
5.3 推荐课程描述 … 72
5.3.1 工程基础知识领域中的相关课程 … 72
5.3.2 机械设计原理与方法知识领域中的相关课程 … 82
5.3.3 机械制造工程原理与技术知识领域中的相关课程 … 89
5.3.4 机械系统传动与控制知识领域中的相关课程 … 96
5.3.5 制造赋能技术知识领域中的相关课程 … 104
5.3.6 改革及集成课程举例 … 112

第6章 专业实践 … 124
6.1 概述 … 124
6.2 工程训练 … 125
6.3 实验课程 … 125
6.4 课程设计 … 126
6.5 生产实习 … 127
6.6 毕业设计(论文) … 127
6.7 创新创业实践教育 … 129

第7章 工程教育认证 … 131
7.1 国际工程教育认证概况 … 131
7.1.1 《华盛顿协议》 … 131
7.1.2 欧洲工程教育认证(EUR-ACE) … 132
7.2 中国工程教育认证概况 … 132
7.2.1 发展沿革 … 133
7.2.2 组织体系 … 134
7.2.3 认证标准 … 136
7.2.4 认证程序 … 138
7.2.5 认证理念 … 144

附录 … 147
附录A 麻省理工学院(Massachusetts Institute of Technology) … 147
附录B 慕尼黑工业大学(Technical University of Munich) … 149
附录C 新加坡国立大学(National University of Singapore) … 152
附录D 斯坦福大学(Stanford University) … 155
附录E 密歇根大学(University of Michigan) … 158

参考文献 … 161

第0章 绪　　论

0.1 导言

机械工业是国家工业体系的核心产业,担负着向国民经济各部门提供技术装备的任务。机械工业的技术水平和规模是衡量一个国家综合实力的重要标志。

机械工程学科具有悠久的历史,也是工程学科门类中的重要学科之一,担负着为我国机械工业及相关行业提供人才支撑的重要使命,直接影响着我国机械科学与技术的发展,进而影响着我国的经济建设与社会的发展。机械工程学科的主要任务是把各种知识与信息融入设计、制造和控制中,应用现代工程知识和各种技术(包括设计、制造及加工技术,维修理论及技术,材料科学与技术,电子技术,信息处理技术,计算机技术,网络技术和智能技术等),使设计制造的机械系统和产品满足使用要求,并且具有市场竞争力。其主要领域包括机械的基本原理、各类机械系统及产品的设计理论与方法、制造原理与技术、测试原理与技术、自动化技术、材料加工、性能分析与实验、工程管理等。随着本学科及相关学科的飞速发展和相互交叉、渗透与融合,机械工程学科在人才培养上更加强调多学科交叉融合及创新应用能力。

自进入21世纪,在机械工程学科引领下,我国机械工业和制造业得到了飞速发展。制造业已成为关系国计民生和国防安全的支柱产业,也是国家经济发展的财富来源行业之一。我国已成为制造业大国,正面临从制造业大国向制造业强国转型的关键时期。尽快实现和完成这一重大转变,人才是关键。而培养大批适应中国机械工业,特别是制造业发展所需的技术人才,对中国机械工程教育事业既是严峻的挑战,又是难得的机遇。为此,2008年,由教育部高等学校机械设计制造及其自动化专业教学指导分委员会、中国机械工程学会、清华大学出版社联合组成中国机械工程学科教程研究组,研究出版了《中国机械工程学科教程》。

2015年,随着《中国制造2025》的颁布,对机械工程人才培养提出了更高的要求。为此,教育部高等学校机械类专业教学指导委员会会同中国机械工程学会、清华大学出版社联合组成了中国机械工程学科教程修订研究组,结合新形势、新要求,对教程进行修订,力求在保持原教程的体系框架不变的基础上,有所突破与创新,由此形成了《中国机械工程学科教程(2017年)》。

近几年,国家确定并倾力推进"制造强国战略",智能制造为我国从"制造大国"跨越为"制造强国"提供了弯道超车、跨越发展的重大历史机遇,也是我国实现科技自立自强的重要途径。智能制造前沿高地的争夺归根结底是人才的竞争,智能制造人才的需求对机械工程人才培养提出了更高的要求。

为此,2021年,教育部高等学校机械类专业教学指导委员会会同中国机械工程学会、清华大学出版社联合组成了中国机械工程学科教程修订研究组,结合新形势、新要求,对教程进行修订,力求在保持原教程的体系框架不变的基础上,有所突破与创新。

本教程旨在建立适应现代机械工程技术人才培养目标的课程体系,使机械工程本科教学更规范,更能适应现代机械工程技术和国民经济发展对人才培养的要求。本教程倡导重理论、强实践、求创新的机械工程人才培养思路,通过数学类、自然科学类、人文社会科学及和机械工程相关的基本理论、基础知识的教学和基本技能的训练,使学生的知识、能力和素质得以协调发展,达到专业培养目标的基本要求。

0.2　本教程的编写原则

教程的编写借鉴了国内外大学先进的办学理念和人才培养的经验,遵循了开放性、多样化的原则。参考本教程制订人才培养计划时需注意以下问题:

(1) 本教程为开放系统,要充分考虑社会需求和机械工程学科的发展,及时将现代设计理论与方法以及先进制造技术、智能制造系统与技术等引进课程体系中。

(2) 我国高等工科院校门类繁多,各校定位和服务面向不尽相同,本教程只给出了专业建设的基本框架。在制订教学计划时,应充分考虑学校的自身条件和特点,构建因材施教的教学计划和培养体系,应有一定的弹性,给学生自主学习和个性发展留有充分的余地。

(3) 机械工程专业人才培养是以工程为背景的专业教育,而工程教育的核心是实践能力的培养,本教程强调了实践教学环节。在制订教学计划时,应特别注重以学生为主体的实践教学体系的构建,把引导学生主动实践、培养学生的综合能力和创新意识落到实处。

0.3　本教程的结构

本教程共分8章:第0章介绍本教程的一些基本情况;第1章介绍机械工程学科的定义、发展历史、人才培养以及影响学科教育的其他因素;第2章介绍本科生培养的能力目标,包括基本要求、能力与技能;第3章介绍机械工程专业教育的基本要求;第4章介绍机械工程教育知识体系以及知识领域、子知识领域、知识单元和知识点的划分;第5章介绍机械工程学科教育的课程体系和教学计划,并介绍各主要知识领域的相关主干课程;第6章介绍机械工程教育中专业实践的基本要求;第7章介绍国内外机械工程教育专业认证的最新情况和相关文件。附录中介绍了一些国外知名大学机械工程专业课程设置的相关情况。

第1章 机械工程学科与机械类专业

1.1 机械工程发展简史

1.1.1 古代机械

人类与动物的区别在于能够制造和使用工具。根据所使用工具的材料不同,古代人类相继经历了石器时代、铜器时代和铁器时代。

人类使用石器的时间长达上百万年。公元前5000年前后,在埃及开始冶炼铜,并用铜制造工具和武器。公元前1400年前后,小亚细亚半岛上的赫梯王国掌握了冶炼铁的技术,最早大量地生产铁,并在很多场合用铁代替了铜。自远古一直到第一次工业革命以前,木材也始终是制造工具甚至机器的主要材料。

古代机械的发展与人类文明的发展同步,集中在古埃及和西亚、古希腊、古罗马、中国等地区。

古埃及使用工具最早,创造了杠杆、滑轮、螺旋等六种"简单机械",它也是后来机械发展的根基。

公元前600年至公元400年,是希腊古典文化的繁荣期,产生了一批著名的哲学家和科学家。对简单机械进行归纳的任务就是由古希腊学者阿基米德、希罗完成的。但随着公元5世纪西罗马帝国的灭亡,古希腊和古罗马的古典文化归于沉寂,欧洲进入发展缓慢的中世纪。

公元后,埃及从创造的前沿淡出,而中国则进入了黄金时代。古代中国的机械发明和工艺技术种类多、涉及领域广、水平高,涌现出一批卓越的发明家,在世界上长期居于领先地位。明朝中后期开始实行"闭关锁国"政策,到清朝则变本加厉,它隔断了中外科技文化的交流,也阻碍了资本主义萌芽的发展。

古代机械的发明首先是为了人类的衣食住行:纺织、农耕、灌溉、谷物处理、车与舟。为了农业要懂得天象,这就出现了天象观测的仪器。由于狩猎和族群之间斗争的需要,就出现了武器。为了冶炼金属,就出现了鼓风机。

铸造、锻造、退火和淬火技术与金属的使用和冶炼相伴而生。在古罗马时代,已经使用了落锤。公元前1300年,古埃及出现了原始的切割木制工件的车床。中国古代的铸造技术也发展到很高的水平。

古代机械的产生是一些能工巧匠依靠直觉和灵感创造出来的,它来源于实践,但缺少科学理论的指导。近代和现代所创造的一些机构和机器,如车床、汽轮机、水轮机、螺旋输送机在古代已有雏形,虽然十分简陋,但其原理与今天的机械是相通的。古代机械通常使用人力、畜力、水力和风力等作为动力。没有先进的动力也是古代机械发展缓慢的原因之一。

1.1.2　近代机械工程

14~16世纪，在意大利首先出现了资本主义生产方式的萌芽，地理大发现为世界市场的出现准备了条件。经济基础的变化带来了上层建筑的变革：在几百年间，欧洲陆续发生了文艺复兴等一系列的思想解放运动，随后英、法等国发生资产阶级革命，世界进入近代。

达·芬奇最早开始了近代的机械科技研究。瑞士的钟表制造业则拉开了近代机械工业的序幕。

17世纪，牛顿创立了经典力学，它是近现代力学和机械工程发展的科学基础。

在18世纪中叶开始的第一次工业革命中，出现了使用机器进行生产的热潮。瓦特在前人工作的基础上，改进并发明了蒸汽机，提供了空前强大的动力，进而出现了以铁路和轮船为代表的交通运输革命。大型集中的工厂生产系统取代了分散的手工业作坊。近代的车床、镗床、刨床、铣床被发明，机械制造业在英国诞生。机械工程的发展在第一次工业革命的进程中起着主干作用。

18世纪末，机械工程高等教育首先在法国发展起来，这也促使1834年机构运动学被承认为一个独立的学科。随着机械工业的壮大，1847年，英国机械工程师学会从民用工程师学会中独立出来，机械工程作为工程技术中的一个独立领域得到了正式的承认。

19世纪中叶，发生了第二次工业革命。随着电动机的发明，世界进入了电气时代；随着新型炼钢法的出现，世界进入了钢铁时代。奥托发明的内燃机，推动了以汽车和飞机为代表的新的交通运输革命。水轮机、汽轮机、燃气轮机、喷气式发动机等动力机械大发展。在采矿、冶金、化工、轻工等各工业部门广泛地实现了机械化和电气化。通用机床走向完备，各种精密机床、专用机床快速发展。机械工程的发展在第二次工业革命的进程中起着骨干作用。

在两次工业革命中，机械开始向高速化、轻量化、精密化、自动化方向发展。伴随着这一发展趋势，在两次工业革命中形成了机构学、机械设计学、机械动力学等机械基础学科。金属切削刀具的材料从工具钢发展到高速钢、硬质合金和陶瓷，切削速度不断提高，在这一过程中建立了金属切削理论和机械精度理论。动力机械、各种生产机械的理论也都获得了飞速发展。近代的机械工程学科在19世纪上半叶诞生，到20世纪上半叶基本形成。

泰勒提出的科学管理制度和福特首创的大批量生产模式，从20世纪初开始在一些国家广泛推行，对机械工业的发展起到了巨大的推动作用。

在第一次工业革命中，发明机器的主要是工匠、机械师，依靠的是他们在实践中积累起来的经验。而在第二次工业革命中，科学家走在了工程师的前面，理论开始发挥指导作用。

1.1.3　现代机械工程

19世纪末至20世纪30年代发生了新物理学革命，这是现代科技发展的科学基础。第二次世界大战催生了电子计算机、火箭和原子能三大技术。"二战"后，世界大范围的和平形成了有利于经济和科技发展的大环境，第三次技术革命兴起。前两次工业革命都首先是动力革命，而第三次技术革命是以电子计算机技术统领的，以航天技术、生物技术、新材料技术和新能源技术为核心领域的一次信息化革命。

在和平的环境中形成了更大的世界市场，激烈的竞争推动着机械产品不断地改进、提高和创新。机械工业和机械科技获得了全面的发展，其规模之大、气势之宏、水平之高，都是前两次工业革命所远远不能比拟的。

新时期，很多机械产品进一步向高速、重载、大功率方向发展；同时，对机械的轻量化、可靠性、精密性、经济性提出了更高的要求。人们在机器的外观、色彩和式样方面的追求也更高，降低机器对环境的不良影响也成为新时期对机械产品的新要求。

由于对产品多样化和个性化的追求，以及竞争加剧导致的买方市场的形成，从20世纪80年代起，机械工业由大批量生产模式转向了多品种、小批量生产模式。

新技术革命的各个核心领域向机械领域提供了新技术、新材料、新能源，同时，这些领域也向机械领域提出了新需求。无论是给予，还是索取，都是对机械科技发展的推动。新物理学革命以来，物理、数学的进展提供了新的理论基础和强大的计算手段。新时期的机械设计与机械制造呈现了全新的面貌，机械工程学科得到全面大发展。

现代设计方法包含计算机辅助设计、优化设计、可靠性设计、动态设计、创造性设计、绿色设计等许多具体方法。提出现代设计方法的目的，一是要向市场推出具有优良性能的产品，二是要向市场快速地推出适应不同需求的多样化、个性化产品。在新时期，机械设计摆脱了经验和半经验设计阶段，向快速化、自动化、可视化和智能化迈进。

先进制造技术形成的核心是以计算机技术为统领，提高生产率、精度、制造过程的自动化程度。从机械控制的自动化、电气控制的自动化发展到计算机数字控制的自动化，直至无人车间和无人工厂，加工速度和精度也在不断地提高。顺应材料技术的进步，难加工材料的切削加工技术和特种加工技术逐渐发展起来。增材制造技术出现并逐渐成熟，促使制造模式发生了巨大的变化。

机械正走向全面自动化。控制工程理论、计算机技术与机械技术相结合，在机械工程中产生了一个新的学科——机械电子工程，出现了一批机电一体化产品。特别是现代汽车、高速铁路车辆、飞机、航天器、大型发电机组、IC制造装备、机器人、精密数控机床和大型盾构掘进机械等"复杂机电系统"，其机械结构和动力学行为复杂，它们处于机械设计与制造领域的最高端，很多新方法、新技术由于这些高端领域的需要而产生，随后才向一般机械制造领域扩散。

这一时期的机械设计给机械学理论提出了新的课题，断裂力学、多体力学、数值方法等领域的进步也给机械学理论的发展注入了新的活力，包含机构学、机械强度学、机械传动学、摩擦学、机械动力学、机器人学和微机械学的现代机械学理论取得了空前的发展。

进入21世纪，随着科技发展日新月异，移动互联、人工智能、大数据等新技术深刻地改变了人类的生产组织形态、国家治理形态以及人们的生活方式，其影响前所未有，技术进步把人类社会推向第四次工业革命的起点。第四次工业革命是利用信息化技术促进产业变革的时代，也就是智能化时代，其核心是智能制造与智能工厂，是以人工智能、新能源、机器人技术、量子信息技术为主的全新科技革命。未来机械工程和以智能制造为基础的制造业将以增加生产、提高劳动生产率、提高生产的经济性为目标来研制和发展新的机械产品。机械制造技术发展的总趋势是向精密化、柔性化、网络化、虚拟化、智能化、清洁化、集成化、全球化的方向发展。机械工程和以此为基础的制造业有以下几方面发展趋势：信息技术将占据主导；设计技术不断现代化；制造技术向超精密、超高速等方向发展；成形制造技术向精密成形方向发展；绿色制造将被更加注重；新的工艺技术将得到迅速发展；虚拟现实与数字孪生技术不断完善并被越来越多地应用；先进制造生产模式不断发展。同时，专业、学科间的界限逐渐淡化、消失，纳米科技将会掀起新一轮的技术浪潮，纳米材料学、纳米加工学有朝一日将把机器零件的成形与加工融为一体，以分子、原子等为对象的纳米制造和以基因技术为核心的生物制造将闪亮登场，机械工程及机械制造业将进入一个崭新的发展阶段。

1.2 中国的机械工业

19世纪下半叶，为了"师夷之长技以制夷"，在洋务运动中建立了数十个中国机械厂，以生产武器为主，也兼顾民用机械。中国的近代机械工业由此而诞生。

晚清及民国时期的机械工业，以仿制工业革命期间出现的一些通用机械为主。到20世纪30年代，蒸汽机、内燃机、电动机、通用机床、印刷机、造纸机、纺织机械、轮船、机车等均已实现国产化，也仿制出过飞机和汽车。民国时期已奠定了民营机械工业的基础，但尚未形成机械工业的完整体系，且生产规模小、产品水平低。

新中国成立后，在1952年开始的第一个五年计划期间，全面引进苏联的技术、人才和管理模式，优先发展重工业，主要方向是实现生产的机械化。在苏联援建的156个重点项目中，机械制造厂就有24个。第一个五年计划期间，建成了长春第一汽车制造厂、沈阳第一机床厂等大型企业，其中绝大多数至今仍然是中国机械工业的骨干力量。在工农业总产值中，工业总产值的比重由1949年的30%上升到1957年的56.7%，为中国的工业化奠定了初步基础。

以引进苏联产品的设计图纸与制造工艺、测绘国外样机为基础，试制成功数千种新产品，其中有一些比较重大的产品，如原子能设备、精密机床、大型冶金设备，以及汽车和电力、炼油方面的成套设备。在这些成果中，自主开发的比重还很小，但在消化吸收和仿造的基础上，逐步掌握了一些机械产品的设计方法和工艺技术。

1958—1978年，经济的发展和制度的变迁充满了曲折，在这曲折的20年中，经济增长大起大落，但是经济总量和生产能力有了很大的提升，建立了相对独立的工业体系和国民经济体系，在国防工业和尖端科技方面取得了巨大进步。这一时期也正是世界第三次技术革命轰轰烈烈开展的时期。

在1978年以后的改革开放新时期，机械工业实现了由计划经济向社会主义市场经济体制的转变，实现了超高速的跨越式发展。机械工业产品年均产量与产值持续大幅提升。汽车产量从2009年以来一直位居世界第一。2010年中国制造业在全球制造业总值中所占比例已达19.8%，成为全球第一大工业制造国。国内市场机械产品自给率已从改革开放之初的不到60%，发展到2009年的85%以上，建成了大型发电机组、特深井石油钻机、大型钢铁企业全流程技术装备、特大型露天矿成套设备，生产了世界上最大的模锻压力机。数控加工中心、盾构机等先进技术装备得到了广泛应用。

党的十八大以来，机械工业坚持以高质量发展为目标，以供给侧结构性改革为主线，全力攻高端、夯基础、补短板、锻长板、强管理、兴文化，推进行业转型升级。经济运行保持平稳健康发展。据统计，党的十八大以来机械工业增加值、资产总额、营业收入、实现利润和外贸出口，年均分别增长8.2%、9.5%、7.9%、5.8%和6.8%。截至2022年年末，机械工业共有规模以上企业11.1万家，占全国工业规模以上企业数量的24.7%；机械工业资产总计32.5万亿元，占全国工业资产总计的20.8%。机械工业累计实现营业收入28.9万亿元，拉动全国工业营业收入增长1.9%；实现利润总额1.8万亿元，拉动全国工业利润总额增长2.2%。

机械工业的创新发展不断深入，通过坚持创新驱动发展战略，行业技术创新体系进一步加强，在核心基础零部件制造、成形加工装备制造、工业机器人检测等方面取得了突破性进展，一批具有较高技术含量的重大技术装备实现了突破发展。高端工业母机、精密仪器仪表、关键核心零部件的制造能力提升。中国标准动车组"复兴号"在2017年6月正式命名，不同于"和谐号"，"复兴号"完全由中国自主设计、自主生产，时速也从200km/h提高到350km/h。中国高铁运营里程超过2.9万km，占全球高铁运营里程的2/3。"蓝鲸一号"是全球最大的钻井平台，最大作业水深3658m，最大钻井深度15250m。被命名为"墨子号"的量子卫星，世界领先，整星重量为620kg，有效载荷为10kg。"蛟龙号"载人潜水器，最大下潜深度达到7062m，在世界同类型载人潜水器中名列前茅。大型运输机"运-20"是中国自主研发的新一代喷气式军用大型运输机，具有远距离超载空投、空中加油等功能。"C919"是中国按照国际民航规章自行研制、具有自主知识产权的大型喷气式民用飞机，于2017年5月5日成功首飞，2023年6月，"C919"顺利完成首个商业航班飞行，正式进入民航市场，开启常态化商业运行。

伴随着我国经济发展的阶段性变化，机械工业的功能与使命也在不断调整，从过去主导工业化进程到现在服务于新发展格局。在我国在日益走近世界舞台中央、经济实力日益强大起来的时代背景下，在经济增长动力转换、发展方式转变的迫切要求下，我国机械工业将发挥推动产业基础高级化、产业链现代化的引领作用，在我国开创对外经济新格局的进程中发挥更大的作用。

1.3 机械工程学科简介

国际上，机械工程学科的诞生有两个标志。一个出现在英国，随着近代机械工业在第一次工业革命中诞生，机械工程师的队伍和力量逐步壮大，1847年成立了机械工程师学会；另一个出现在法国，在那里，机械工程的一个分支——机构学首先被公认为一个独立的学科。

经典力学的创立为机械科学的发展奠定了理论基础。工业革命以后，机械的大量使用和新机械的不断发明向科学理论界提出了许多需要解决的问题。在这个过程中，逐步积累了机械工程的知识，开始形成一整套机械工程的基础理论。

在中国，从1895年北洋西学堂成立，发展到20世纪30年代中国高等机械工程教育初具规模；从机械工业的起步，发展到1936年成立机械工程学会，这40年就是中国的机械工程学科形成和建立的过程。

1997年，国务院学位委员会和教育部颁布了《授予博士、硕士学位和培养研究生的学科、专业目录》文件，该文件是在1990年下发的学科、专业目录的基础上经过反复论证修订的。文件中，机械工程是归属于"工学门类"下的一个"学科大类"（或称为"一级学科"），它包括四个"二级学科"（或称为"专业"）。以后虽经修订，但机械工程学科的基本内涵没有变化。

现在执行的文件是《学位授予和人才培养学科目录(2018年4月)》,其中,机械工程一级学科包括的二级学科分别是:机械设计及理论、机械制造及其自动化、机械电子工程和车辆工程。该学科目录适用于硕士、博士的学位授予、招生和培养,并用于学科建设和教育统计分类等工作。

1.4 中国机械工程专业人才培养

1895年,时任直隶津海关监督的盛宣怀向清政府奏设北洋大学堂(现天津大学的前身),这是中国第一所近代大学。美国传教士丁家立(Tenney C. Daniel,1857—1930)被聘为总教习。他以美国哈佛、耶鲁等大学的学制为蓝本,建校之初即设法律、矿冶、机械、土木四科(学门)。学校管理严格,毕业生为社会所公认。学堂创办之初所设立的机械工程学门是中国高等学校中设立的第一个机械工程系,开创了中国高等机械工程教育的先河。

1903年清政府制定《大学学堂章程》,其中规定机器工学科设置23门课程。从那时起,西式学堂陆续多了起来,很多学堂都设有机械科。晚清的高校一般均为外国人任教。

从20世纪20年代起,高等机械工程教育发展较快。由于最早建立的北洋大学是聘请美国人做总教习,也由于留美归国的学者多,民国时期的中国高等工程教育主要因袭美国的通才教育模式。

1924年,交通部南洋大学(上海交通大学、西安交通大学的前身)对每一学科中的门类、课程设置和教学计划做了进一步调整和充实提高。机械工程科将原有的"机厂工务门"和"工业管理门"合并成"工业机械门",将"铁路机务门"改为"铁路机械门"。

民国时期,有大批取得高级学位的留学生回国,为急速扩张的高等工程教育提供了师资,成为教师队伍的主力。但同时,也给中国的高等工程教育带来了诸多问题,如"课程抄袭欧美""中文教科书缺乏""学生实习经验不足"等,被认为无法培养出适应我国工程事业发展需要的工程人才。面对这一局面,中国工程师学会开展了高等工程教育调查与研究,主张改变高等教育完全因袭欧美的状况,推动编写工程学中文著作和教科书,参与修订大学工科课程标准,审定编译工程名词,大力推动高等工程教育的本土化、体制化和现代化。北洋大学教授刘先洲的成绩最为突出,他自1921年起,编写了《机械学》《内燃机》《蒸汽机》等10余本教材。

至1936年,全国已有19所高校创办了机械工程系或专业,机械工程高等教育初具规模。其中,清华大学、交通大学、北洋工学院、北平大学、中央大学、山西大学、浙江大学、武汉大学、中山大学、同济大学的机械工程系实力较强。

20世纪50年代,新中国刚刚成立,培养的学生数量远不能满足大规模工业化建设对人才迫切与大量的需求。从1952年起,国家加强了对高等教育的统一领导,包括统一培养目标、统一专业设置、统一学制、统一招生、统一分配等,将我国高等教育纳入高度计划经济的轨道,全盘学习苏联式的专才培养模式,这是和中国当时的计划经济体制相适应的。当时,高等教育部根据"以培养工业建设人才和师资为重点,发展专门学院,整顿和加强综合大学"的方针在全国进行高校调整。调整后的工科院校主要分为两种类型:一种是"多科性工业高等学校",如清华大学、天津大学等;另一种是高等工科专门学校,如北京地质学院、北京钢铁学院等。院校调整的同时,根据苏联高等工科学校的专业目录,借鉴苏联的经验,设立了我国的工科专业。各高校设置了一系列口径很窄的专业,如矿山机械专业、起重运输专业、冶金机械专业、金属切削专业、铸造专业、焊接专业、锻压专业等。机械类专业同全国工科专业一样,执行的是高等教育部组织制订和颁发的全国统一教学计划,课程编排、讲授内容、教科书等均以苏联模式为蓝本。大量苏联教科书被译成中文,在教学中直接使用。

20世纪60年代初,中国成立了各门主要课程的教材编审委员会,开始编写自己的教材。教材编审委员会到改革开放以后即演变为"教学指导委员会"。

1966—1976年,受"文革"影响高等学校取消高考制度。1970年开始招收"工农兵大学生",学制三年。

1977年恢复高考,学制恢复四年。1978年,中国实行改革开放的方针。在改革开放新形势推动下,一方面,为适应经济体制的改革,高等机械工程教育更加注重加强基础,拓宽专业,增强人才的适应性;另一方面,高等机械工程教育界在教学方面的研究和探索非常活跃,包括教学内容的更新、教学方法的改革、实践教学的加强等。此后,中国共进行了四次大规模的学科目录和专业设置调整工作。

第一次修订目录于1987年正式颁布实施。这次目录修订工作,解决了"十年动乱"所造成的专业设置混乱的局面,专业名称和专业内涵得到整理和规范,将机械类专业由几十个减少到30个左右。

第二次修订目录于1993年正式颁布实施,重点解决了专业归并和总体优化的问题,形成了体系完整、统一规范、比较科学合理的本科专业目录。

第三次修订目录于1998年颁布实施。这次修订工作遵照中共中央国务院印发的《中国教育改革和发展纲要》精神,按照"科学、规范、拓宽"的原则,分科类进行专家调查论证并反复征求意见,改变了过去过分强调"专业对口"的教育观念和模式,专业种数大幅减少。其中工学门类下设21个专业类,机械类包含四个专业(机械设计制造及其自动化、材料成型及控制工程、工业设计、过程装备与控制工程)和一个引导性专业(机械工程及自动化)。

第四次修订目录于2012年颁布实施。新目录是根据《教育部关于进行普通高等学校本科专业目录修订工作的通知》要求,按照科学规范、主动适应、继承发展的修订原则,在1998年原《普通高等学校本科专业目录》及原设目录外专业的基础上,经分科类调查研究、专题论证、总体优化配置、广泛征求意见、专家审议、行政决策等过程形成的。

2020年,教育部公布《普通高等学校本科专业目录(2020年版)》,该专业目录是在《普通高等学校本科专业目录(2012年)》基础上,增补了近年来批准增设的目录外新专业,形成了最新的《普通高等学校本科专业目录(2020年版)》。新本科专业目录遵循国家发展重点战略部署,服务技术与产业发展需求,较2012年版本,新增加了智能制造工程、智能车辆工程、仿生科学与工程、新能源汽车工程四个专业。

2021年,教育部组织开展了2021年度普通高等学校本科专业设置和调整工作,根据高等学校专业设置与教学指导委员会评议结果,确定了同意设置的国家控制布点专业和尚未列入专业目录的新专业名单,并对普通高等学校本科专业目录进行了更新。2021年新增加了增材制造工程、智能交互设计、应急装备技术与工程三个专业。表1.1为1987年至今普通高等学校机械类部分本科专业目录调整对照。

表 1.1　普通高等学校机械类部分本科专业目录调整对照

2012年— 专业名称	1998—2012年 专业名称	1993—1998年 专业名称	1987—1993年 专业名称
机械工程	机械工程及自动化		
机械设计制造及其自动化	机械设计制造及其自动化	机械制造工艺与设备	机械制造工艺与设备,机械制造工程,精密机械与仪器制造,精密机械与仪器制造,精密机械工程
		机械设计及制造	机械设计及制造,矿业机械,冶金机械,起重运输与工程机械,高分子材料加工机械,纺织机械,仪器机械,印刷机械,农业机械
		汽车与拖拉机	汽车与拖拉机
		机车车辆工程	铁道车辆
		流体传动及控制	流体传动及控制,流体控制与操纵系统
		真空技术及设备	真空技术及设备
		机械电子工程	电子精密机械,电子设备结构,机械自动化及机器人,机械制造电子控制与检测,机械电子工程
		设备工程与管理	设备工程与管理
		林业与木工机械	林业机械
材料成型及控制工程	材料成型及控制工程	金属材料与热处理 热加工工艺及设备 铸造 塑性成形工艺及设备 焊接工艺及设备	金属材料与热处理 热加工工艺及设备 铸造 锻压工艺及设备 焊接工艺及设备
机械电子工程			
工业设计	工业设计	工业设计	
过程装备与控制工程	过程装备与控制工程	化工设备与机械	化工设备与机械
车辆工程			
汽车服务工程			
机械工艺技术			
微机电系统工程			
机电技术教育			
汽车维修工程教育			
智能制造工程			
智能车辆工程			
仿生科学与工程			
新能源汽车工程			
增材制造工程			
智能交互设计			
应急装备技术与工程			

1.5 国外工程教育的特点

通过调研美国、德国、英国、法国、日本和新加坡的工程教育模式发现国外工程教育具有"学科交叉、实践能力培养、企业参与度高"的特点。

1. 美国模式与华盛顿协议

在工程教育领域,美国经历了从"技术范式"到"科学范式"再到"工程范式"的变革。这种变革反映了工程教育不断适应社会需求和经济形势的变化。美国于1989年联合英国、加拿大、爱尔兰、澳大利亚和新西兰签订了《华盛顿协议》(Washington Accord)。这个协议为这些国家的工程学位提供了相互承认的框架,为全球高等工程教育的合作和发展提供了重要的示范和借鉴。在2016年6月,麻省理工学院(MIT)率先启动了"新工程教育转型"(New Engineering Education Transformatin, NEET)改革计划,对新工业革命背景下的工程教育转型提出了新的思路和方案,旨在培养具有创新能力和领导力的高素质工程人才。

2. 德国模式与德国工程学科认证

德国的高等工程教育主要依托于FH(Fachhoch Schule)模式。FH是一种应用科学学校的高等教育类型,其独特的教育任务为通过应用实践教学为学生未来职业和生活做准备。该模式以"双元制"职业教育为基石,企业为"一元",职业学校为另"一元"。学生入学前一般都具有相应的职业培训或实践经验,新生进入主要学习阶段后,还要进行为期3个月的企业实习。

3. 英法工程师培养体系

英国大学非常突出的特点是"三明治"教育模式,大学的学习对应"理论—实践—理论"的模式。低年级接受自然科学和专业基础课程的训练,中、高年级进入企业实习,最后回到学校完成专业课程和毕业设计。该模式把工程设计与研究和行业经验进行了系统整合。法国高等教育体系分为综合性大学和高等学院两个类型,高等工程教育具有选拔严格、重视实践、专业交叉等特点,在三年的学习中,学生需要完成2~3次高技术要求的实习。

4. 日本工程教育

日本开拓了产学合作的企业本位模式,实行"工业实验室"为主的教育和科研体制以及"产官学一体化"的培养体系,注重企业与高等院校的配合。该模式依托日本技术者教育认定机构(JABEE)对基于统一基准的理工、工程、农业、情报技术等学科的高等学校教育课程进行认定,以确保其具有国际认同的水准。

5. 新加坡工程教育

新加坡政府明确了培养出"一大批能够和国际接轨,并具有创业精神和创新能力的新型工程人才"的目标,具有国际化、多元化、个性化的鲜明特点。

6. 荷兰工程教育

荷兰工程教育的目标是培养适应甚至引领工程需求的复合型工程科技人才，采用模块化工程教育模式，以工程项目主题为核心，通过跨学科课程体系再造与系统化工程实践有机融合，加强文理、理工、文工学科间的交叉融合。

1.6 工程教育专业认证

工程教育专业认证是指专业认证机构针对高等教育机构开设的工程类专业教育实施的专门性认证，由专门职业或行业协会（联合会）、专业学会会同该领域的教育专家和相关行业企业专家一起进行，旨在为相关工程技术人才进入工业界从业提供预备教育质量保证。

工程教育专业认证是国际通行的工程教育质量保障制度，也是实现工程教育国际互认和工程师资格国际互认的重要基础。工程教育专业认证的核心就是要确认工科专业毕业生达到行业认可的既定质量标准要求，是一种以培养目标和毕业出口要求为导向的合格性评价。工程教育专业认证要求专业课程体系设置、师资队伍配备、办学条件配置等都围绕学生毕业能力达成这一核心任务展开，并强调建立专业持续改进机制和文化以保证专业教育质量和专业教育活力。

《华盛顿协议》是工程教育本科专业学位互认协议，其宗旨是通过多边认可工程教育资格，促进工程学位互认和工程技术人员的国际流动。工程学位的互认是通过工程教育认证体系和工程教育标准的互认实现的。我国于2016年6月2日正式加入了《华盛顿协议》。

我国的工程教育已有百余年历史，已经建立起多种层次、多种形式、学科门类基本齐全的工程教育体系。我国工程教育所培养的工程科技人才，为我国工业、农业、科技、国防现代化事业做出了重大贡献。

当前，几乎所有相关院校都对参与工程教育专业认证表现出空前的热情。原因首先是被新颖的育人理念吸引，其次工程教育专业认证也是未来工程师"毕业生"通行国际的执业资格。通过专业认证，可促进我国高校教师队伍的建设和专业化发展，促进科学规范的教学质量管理和监控体系的建立，为课堂教学和改革提供明确的导向；通过专业认证，可密切工程教育与工业界的联系，对改善工程教育的产业适应性有重要作用；通过专业认证，可促进我国工程教育的国际交流，提升工程技术人员的国际竞争力。

第2章 学　　生

本章描述了知识、能力、素养三者的内涵及其相互关系,阐述了机械工程专业毕业生应具备的核心知识结构与能力,应掌握的科学方法,应具备的工程素养等。

2.1 知识结构与能力

机械工程研究人造的机械系统和制造过程的结构组成、能量转换与传递、构件与产品的几何与物理演变、系统与过程的调控、功能形成与运行可靠性,并以此为基础研究机械与制造工程中共性和核心技术的基本原理和方法。

机械工程专业是机械工程师的摇篮,合理的知识结构与能力是造就高素质机械工程技术人才的关键。本专业毕业的学生,应该达到以下知识结构与能力的基本要求。

1. 工程知识

机械工程学科是以相关的自然科学和技术科学作为理论基础,结合在生产实践中积累的技术经验,研究和解决在开发、设计、制造、安装、运用和维护各种机械中的全部理论和实际问题的一门应用学科。机械工程学科的运用,将使设计制造的机械系统与产品能满足使用要求,并且具有市场竞争力。

工程知识包括解决机械工程领域复杂工程问题所需的数学、自然科学、工程基础和专业知识。

数学是解决机械工程领域复杂工程问题的关键基础知识。微积分、微分方程、线性代数、概率论与数理统计等数学知识构成了机械工程不同分支领域问题解决的主要数学基础;当采用数值计算或者计算机仿真方法求解机械工程问题时,计算方法成为必需的数学基础;基于多种物理原理的装备以及智能装备的发展,则要求学生具备交叉领域的数学基础,例如复变函数与积分变换、离散数学、系统科学等知识。

物理学、化学以及生物学等在内的自然科学知识是学习工程基础和专业课程的基础与前提,也为解决机械工程领域复杂工程问题打下理论基础。

理论力学、材料力学、工程热力学与流体力学等构成了机械工程学科的关键工程基础知识,工程材料、制造基础、工程图学、机械原理与机械设计构成了机械工程学科的关键专业基础知识,电工电子、自动控制基础、微机原理及应用等构成了机械工程学科的交叉学科知识。

机械工程的专业知识具有丰富的内涵,应根据人才培养定位来加以确定。

2. 问题分析

具有综合运用科学原理和工程方法分析机械工程领域复杂工程问题并获得有效结论的基本能力。

能够应用数学、自然科学和工程科学的基本原理,识别、表达并通过文献研究分析机械工程领域复杂工程问题，以获得有效结论。

为了分析机械工程领域复杂工程问题，应当能够识别并判断问题解决的关键环节，然后通过科学思维，运用科学原理提炼问题的关键特征与参数，采用工程方法对问题进行建模求解，并能够通过文献检索与综合寻求问题的解决方案。

3. 设计/开发解决方案

能够设计针对机械工程领域复杂工程问题的解决方案，设计满足特定需求的系统、单元（部件）或工艺流程，并能够在设计环节中体现创新意识，考虑社会、健康、安全、法律、文化以及环境等因素。

能够根据用户需求确定机械工程问题的设计目标与解决的技术路线，针对机械工程问题的特定需求，对机械系统、单元（部件）或者制造方案进行方案设计，能够针对机械工程问题的制约或影响因素（包括社会、健康、安全、法律、文化以及环境等），对机械工程方案进行可行性分析评价。

现代机械工程人才能够应用现代设计方法，充分利用 CAD/CAM/CAE 等软件平台提出解决方案的数字化原型，通过进行仿真分析来评价方案的合理性，并最终完整、规范地表达解决方案。

创新型的机械工程人才能够在了解机械工程发展现状和前沿研究趋势的基础上，应用现代设计方法对机械工程领域复杂工程问题进行全流程、全周期研发设计，并在设计中体现创新意识。

4. 研究

能够基于科学原理并采用科学方法对机械工程领域复杂工程问题进行研究，包括设计实验、分析与解释数据，并通过信息综合得到合理有效的结论。

能够对机械工程领域的各类物理现象、工程材料的特性以及机械系统及其制造等进行研究与实验验证，能够对实验结果进行分析和解释，并通过信息综合得到合理有效的结论。

创新型的机械工程人才能够基于科学与工程原理并采用科学方法对机械工程的关键技术问题制订实验方案，构建实验系统，完成实验研究。

5. 使用现代工具

掌握机械工程专业技术手册、技术标准、学术文献及其他技术信息检索的基本方法，并能够用于机械工程领域复杂工程问题的解决。

了解机械工程领域常用的现代仪器、信息技术工具、工程工具和仿真模拟软件的使用原理和方法，并理解其局限性；能够合理选择与使用恰当的现代仪器、信息技术工具、工程工具和仿真模拟软件，对机械工程领域复杂工程问题进行分析、计算与设计，以及进行模拟、仿真和预测，并能够分析其局限性。

创新型的机械工程人才能够针对工具的不足，二次开发或者全新开发满足特定需求的现代工具，以支撑复杂工程问题的解决。

6. 工程与社会

能够基于工程相关背景知识进行合理分析，评价机械工程专业领域工程实践和机械工程专业领域复杂工程问题解决方案对社会、健康、安全、法律以及文化的影响，并理解应承担的责任。

理解机械工程领域国际和国内的技术标准与规范、知识产权、产业政策和法律法规，理解不同社会文化对机械工程活动的影响；能够基于工程相关背景知识进行合理分析，理解机械工程领域复杂工程问题解决方案的实践、实施对社会、健康、安全、法律、文化等的影响，并能够评价这些影响，理解应承担的责任。

7. 环境和可持续发展

能够理解和评价针对机械工程领域复杂工程问题的工程实践对环境、社会与可持续发展的影响。

了解国家的环境、社会与可持续发展相关政策，具有强烈的环境保护与可持续发展意识，明确认识机械工程专业所从事的一切活动是在国家法律、法规框架下有利于环境保护和社会可持续发展的技术活动。

8. 职业规范

具有人文社会科学素养、社会责任感，能够在机械工程领域的工程实践中理解并遵守工程职业道德和规范，履行责任。

机械工业是国民经济的支柱产业，机械工业中的制造业是关系国计民生和国家安全的重要行业。机械工程专业人才应当具有强健的体魄与健康的心理，德智体美劳全面发展，体现出成为社会主义的建设者与接班人的自觉性。了解国情，理解个人与社会的关系，具有良好的人文和社会科学素养、社会责任感，具有科学的世界观、人生观和价值观，理解诚实守信的机械工程伦理与职业规范，并能在机械工程实践中自觉遵守，理解机械工程师对公众的安全、健康和福祉，以及环境保护的社会责任，能够在机械工程实践中自觉履行责任。

9. 个人和团队

能够在多学科背景下的团队中承担个体、团队成员以及负责人的角色。

现代机械工程问题呈现复杂性增长及多学科深度交叉融合的趋势，团队协作是解决机械工程领域复杂工程问题的有效途径。机械工程专业毕业生应能够在团队中独立或合作开展工作，与其他学科的成员有效沟通、合作共事。优秀毕业生能够组织、协调和指挥团队开展工作。

10. 沟通交流

能够就机械工程领域复杂工程问题与业界同行及社会公众进行有效沟通和交流，包括撰写报告和设计文稿、陈述发言、清晰表达或回应指令；具备一定的国际视野，能够在跨文化背景下进行沟通和交流。

沟通能力主要体现在：

（1）能够就机械工程领域复杂工程问题，以口头、图表、技术报告和论文等方式，准确表达自己的观点，回应质疑，并理解与业界同行和社会公众交流的差异；

（2）了解机械工程领域的国际发展趋势、研究热点，理解和尊重世界不同文化的差异性和多样性；

（3）具备跨文化交流的语言和书面表达能力，能够就机械工程领域复杂工程问题在跨文化背景下进行基本沟通和交流。

优秀毕业生能准确地理解他人所表述的内容及其感受，并且能切题地发表自己的见解或提出建设性的意见。

11. 项目管理

理解并掌握机械工程领域的工程管理原理与经济决策方法，并能在多学科环境中应用。

通过工程经济、项目管理等知识的学习，理解机械工程领域涉及的管理原理与经济决策方法，了解机械工程及其产品的成本构成，理解其中涉及的工程管理与经济决策问题，并能在多学科环境（包括模拟环境）下，在设计开发解决方案的过程中，运用工程管理与经济决策方法。

12. 终身学习

具有自主学习和终身学习的意识，有不断学习和适应发展的能力。

进入21世纪以来，人类在基础科学与包括星际探索在内的工程科学方面均取得了巨大的进步，从科学思想到工程实践的迭代，以及学科交叉与融合的速度加快。机械工程专业毕业生应当具备紧跟科技发展的意识与能力，并通过努力不断提升自己以期为国家与社会做出更大的贡献。

随着社会的进步，机械工程学科面临的问题往往涉及多学科交叉融合，并且随着相关学科的发展和相关技术的涌现而不断变化。只有不断学习才能跟上科技发展的脚步，牢固树立终身学习的观念、强化不断学习的意识才能应对科技飞速发展的挑战。

学生应当了解正确的主动学习与终身学习方法；能够正确认识自我探索与学习的必要性和重要性，具有自主学习和终身学习的意识，具备自主学习能力，能够通过学习不断提高，以适应工程技术的发展。

2.2 科学方法

我国已经成为世界第一制造大国，正由制造大国向制造强国大步迈进。机械制造业是国民经济的基础和支柱。机械工程专业被誉为"国民经济的装备部"，是与机械制造业、高端装备制造、智能制造结合最紧密的专业。机械工程专业作为历史悠久和在国际上广泛开设的工科专业，具有完整的教学体系和成熟的培养模式。

机械工程专业的学生需要在科学方法的指导下，通过完整的工程训练、实验课程、课程设计、生产实习、科技创新、毕业设计（论文）等实践环节，提升工程实践能力和工程创新能力，具备解决复杂工程问题的能力、项目管理和经济决策能力、终身学习的能力。

辩证唯物主义的世界观和方法论是指导科学研究和技术开发的正确、科学的思想方法。机械工程科学方法的实质是辩证唯物主义的方法论在机械工程学科中的具体应用。

1. 科学实验方法

科学实验是验证理论的正确途径,也是获取第一手科研资料的重要手段,更是发现问题、实现理论创新和技术创新的关键。通过科学实验方法,能够获得有效的实验数据,推演出经验公式,归纳出经验系数;或者通过实验模型,通过力学分析和数学计算解决复杂机械结构中的实际问题。

科学是实实在在的学问,来不得半点虚假。应该以科学的态度和脚踏实地的工作作风组织实验,处理实验数据,获得真实可信的实验结果和结论,任何的虚假都可能造成工程上的重大失误或重大事故,可能招致法律和刑事责任。

实验是培养学生工程实践能力和创新意识的平台。学生应能根据所学的理论知识,结合相关的实验教学大纲、实验教学指导书和实验设备设计实验方案并完成实验内容,打下根据工程实际问题组织和从事实验研究的基础。

实验过程中仔细观察实验现象,分析实验中的相关问题并能提出解决和处理问题的方案与措施。实验数据是实验结果的真实记录,是实验过程内在规律的外部表现。通过分析所获得的实验数据,应能判断数据的正确性和可靠性,针对奇异或异常,能够经分析给出科学、合理的解释。

2. 数学方法

马克思曾指出:"一种科学只有当它达到了能够运用数学时,才算真正发展了。"自然界和工程中的许多现象都遵循自身的内在规律,可以用数学的方法进行描述。数学方法又称数学建模方法,就是将实际工程问题的结构参数与性能参数之间的内在规律用数学方程进行描述。

数学建模的第一步是要把实际的工程问题抽象为物理模型,这是因为数学方法是一种定量分析方法。机械工程研究中所关心的对象参量,绝大多数都是物理量,各物理量及其之间的相互关系可以通过数学方法进行定性的分析和定量的计算。第二步是要将实际工程对象的结构参数与性能参数之间的内在规律用数学方程进行描述。如果只有物理模型,就难以形成理论性的方程式或计算公式,就难以达到对机械工程对象进行定量分析研究的目的。

数学方法是各门自然科学都需要的一种定量研究方法。计算机技术的飞速发展和广泛应用,使得极其复杂的机械系统也可以通过各类方程来表达问题,然后利用计算机进行推导或者数值求解,深刻、准确地揭示机械系统的内在规律,获得机械工程的理论和技术问题的有效结论。

3. 系统科学方法

系统科学是研究系统的结构与功能关系、演化和调控规律的科学,是一门新兴的综合性、交叉性学科。它以不同领域的复杂系统为研究对象,从系统和整体的角度,探讨复杂系统的性质和演化规律,目的是揭示各种系统的共性以及演化过程中所遵循的共同规律,发展优化和调控系统的方法,进而为系统科学在各种领域的应用提供理论依据。

将系统科学引入机械工程领域,研究机械工程系统的结构、功能及其演化的性质,从系统的角度来设计、建立、运用与维护复杂的机械工程系统,能够使目标系统发挥出最高效能。

2.3 工程素养

工程素养是指从事机械工程实践的机械工程专业技术人员的一种综合素养,是面向机械工程实践活动时所具有的潜能和适应性。工程素养的特征是:

(1) 敏捷的思维、正确的判断和善于发现问题;

(2) 理论知识和实践的融会贯通;

(3) 把构思变为现实的技术能力;

(4) 具有综合运用资源、优化资源配置、保护生态环境、实现工程建设活动的可持续发展的能力并达到预期目的。

工程素养的形成并非是知识的简单综合,而是一个复杂的渐进过程,将不同学科的知识和素养要素融合在工程实践活动中,使素养要素在工程实践活动中综合化、整体化和目标化。

机械工程专业学生工程素养的培养,应体现德智体美劳全面发展,掌握机械工程领域的专业基础知识、研究和应用能力,具有工程创新意识、工程实践能力、组织协调能力和国际化视野,能够胜任重点行业领域与重要岗位从事产品设计、制造工艺、系统集成、科学研究、技术开发与生产管理的需要。

机械工程专业学生工程素养的教育,体现在教育全过程中,渗透到教学的每一个环节中。不同机械工程领域的工程素养,具有不同的要求和不同的工程环境,要因地制宜、因人制宜,因环境和条件差异进行综合培养。

第3章 专业教育条件

本章论述了机械工程专业教育应具备的师资、教学资源、教育支撑等专业教育条件。

3.1 师资

师资队伍是完成教学计划的关键。师资队伍的数量由专业学生人数、开设的课程数量与学时总数以及培养水平确定。研究型大学的专职科研人员属于专业学术团队的重要组成部分,其人数视科学研究的水平与发展情况而定,但不应当计入生师比。

专业应该有足够的师资确保课堂教学、实践教学,以及对学生学习、研究的指导等教学工作的顺利开展,还应考虑专业的持续发展,与企业的联系、合作等所需的师资。

专任教师应该具有完成教学计划中各项教学任务的能力和资质。办好专业离不开一支高质量的师资队伍,师资队伍的质量包括师德师风、教育背景、工程背景、学缘结构、年龄结构、教学业绩、沟通能力、学识水平、社会声誉、对专业发展的见解、与企业界的联系等。

专任教师应具有足够的教学能力、专业水平、工程经验、沟通能力、职业发展能力,能够开展工程实践问题研究,参与学术交流。专任教师应为学生提供指导、咨询与服务,并对学生的职业生涯规划与职业从业教育有足够的指导。专任教师应有足够的时间和精力投入本科教学和学生指导,并积极参与教学研究与改革。专任教师必须明确他们在教学质量提升过程中的责任,不断改进工作,满足培养目标要求。

3.1.1 专业课程教师

从事机械工程专业教育,应该具备足够数量、学术造诣深厚的专业教学师资队伍,能开设和讲授培养机械工程师所需的相关课程,能指导学生高质量地完成专业实习、课程设计、创新项目、毕业实习和毕业设计(论文)等专业教学任务。

1. 师资队伍数量和结构要求

专任教师数量和结构须满足专业教学需要。为了保证教学质量,应该具有足够数量的专业课程教师。确定生师比时,应适当考虑专业教师从事科学研究、合作开发,参加学术与工程交流活动以及在企业兼职等的需求;有继续教育与企业培训任务的专业,还应当考虑这些教学活动的需要。

2. 应具有适当的基本教职条件

专业课程教师应当坚持以立德树人为根本任务,具备高尚的师德师风,有理想信念、有道德情操、有扎实学识、有仁爱之心,充分发挥"专业课程教师主力军、专业课程建设主阵地、专业课堂教学主渠道"的作用,依托专业课程开展课程思政教育,引导学生深刻理解机械工程专业知识、能力、素养对于建设制造强国、实现中华民族伟大复兴的重要意义。

新聘专业课程教师应该在从学士到博士学习期间思想品德、学术水平、研究与动手能力、创新意识及沟通交流表现突出的具有博士学历的优秀人才中选择,并至少具有一个机械工程的学位,这将有助于新进教师融入专业,并在科研及教学等方面顺利展开工作。

专业应当有明确的措施保证专业课程教师的培养,在提升学历与学术水平、丰富工程背景、提高师德师范、晋升职务等方面提供有效支持,帮助教师达成卓越教学,稳定教师队伍。

3. 应有教授领衔、结构合理的专业师资队伍

高水平的专业课程师资队伍是保证专业教学质量的关键。由教授领衔,学历、学缘、职称和年龄结构合理的专业教学师资队伍是一所本科院校机械工程专业办学的基本条件。从事专业主干课程教学的教师,应具有企业工作经验或从事过工程设计和研究的工程背景,了解本专业领域科学和技术的最新发展。

4. 应有从事本专业领域的科学研究和技术开发的能力

作为专业课程教师,应能从事与本学科专业相关的科学研究和技术开发工作,能将研究工作成果在学术刊物上发表,并能将研究成果融会于教学中,更新专业知识,丰富教学内容。

5. 应具有工程背景

为了保证机械工程专业的教学水平与培养质量,机械工程的专业课程教师应当具有在机械企业进行博士后研究顺利出站,或者在机械企业从事技术工作,或者与机械企业合作开展研发工作,或者在机械企业的研究院(工程中心)或核心技术部门进修等工程背景经历。

专业应当聘用机械企业高级技术人员担任兼职教师或者讲座教师,与专业的专任教师共同完成专业课程教学,或者独立开设讲座。

通过以上措施,有助于学生尽早了解机械企业研发设计流程、新技术的应用及当前技术状态的知识,缩短毕业后的知识能力升级时间。

6. 应具有设计、改革培养计划中专业课程教学内容的能力

专业课程教师应明确了解本专业的人才培养目标,清楚本专业的人才培养要求和培养计划。教学过程中,应主动、自觉地落实人才培养计划规定的教学内容;还要根据科技发展、本专业的技术进步和社会需求,主动调整和改革专业课程的教学内容,服从、服务于人才培养目标的达成;还应能与时俱进地开设反映本专业最新发展方向的选修课程或者学术讲座。

3.1.2 基础课程与实践环节教师

除机械工程专业课程外,通识基础课程和工程基础课程以及实验、实践环节是支撑机械工程专业教育必不可少的教学环节。这些课程的任课教师对机械工程专业人才的培养起着至关重要的作用。

1. 基础理论课程的教师

在学习机械工程专业课程之前,学生首先要学习通识基础课程和工程基础课程,这些课程的学习为学生打下深厚的知识基础,练就扎实的基本技能,使学生具备在专业领域内进行深入研究的潜力和强劲的适应能力。因此,基础理论课程教师的思想品德、教学能力与学术修养将在很大程度上影响机械工程专业学生的专业基础和发展潜力。

创新型的机械工程人才培养需要思想品德高尚、学术造诣与教学水平高、教学效果好、以学生为中心的注重教学改革与实践的高素质基础理论课程教师团队。

2. 实验、实习和实训环节的教师

应有足够数量的素质高、业务精的基础实验课程教师,精心准备和细致地指导实验,营造良好的实验研究环境和氛围,确保学生深入理解实验要求,保证基本的实验研究技能的获得。

实习、实训等教学环节应当采用专业课程教师与具有大学实践教学资质的工程师、实验师相结合的方式开展,充分调动学生的学习兴趣与积极性,理论与实践相结合,确保学生的知识迁移,激发其求知创新的意识,提高其工程实践与创新能力。实习、实训等教学环节的教师队伍组成应当以专业课程教师为主体,工程师、实验师为支撑,以适当的比例来保证学习效果。

3. 创新创业教育的教师

机械工程专业教师应当结合自身专业特长与讲授的专业课程,面向学生开展创新创业教育,指导学生参加中国国际"互联网+"大学生创新创业大赛、"挑战杯"全国大学生课外学术科技作品竞赛、"创青春"中国青年创新创业大赛、中国机械行业卓越工程师教育联盟毕业设计大赛、全国大学生机械创新设计大赛、中国大学生机械工程创新创意大赛机械创意赛道(机械产品数字化设计赛)、中国大学生工程实践与创新能力大赛、中国大学生机械工程创新创意大赛智能制造赛、中国机器人大赛、大学生创新创业训练计划项目等与机械工程专业密切相关的学科竞赛和创新创业活动,提升学生工程创新意识与解决机械工程领域复杂工程问题的能力。

3.2 专业教学资源

1. 课程

专业应该具有一定数量和水平的线下、线上课程和教学资源,便于教师通过线上线下混合的教学模式组织课程教学。

2. 教材

专业应该通过自编、选用优秀教材等方式,建设扎根中国大地、总结中国实践、彰显中国特色的纸质教材和新形态教材,以及与课程配套的教学资源,服务于专业教学和课程讲授。

3. 教学参考资料

专业应该具有本专业教学所需的技术手册、技术标准、教学参考书、图书资料、专业期刊等。条件具备的专业，应有与学校图书馆联网的专用机械工程信息资料室或图书分馆。各类图书、手册、标准、期刊及电子与网络信息资源能满足学生专业学习和教师专业教学与科研的需要。

4. 实验与实践教学条件

教室、实验室、实验设备和实习基地是教学活动最重要的硬件资源。教室、实验室和实验设备应能很好地支持学生完成专业学习的全过程，能够营造良好的学习氛围，有利于师生在教学和研究工作中的互动。

教室、实验室及实验设备在数量上和功能上应满足教学需要，有良好的管理、维护和更新机制，使学生能够方便地使用。

实验室应面向学生开放，实验设备充足、完备，满足各类课程教学实验的需求。实验技术人员应数量充足，能够熟练管理、配置和维护实验设备，能保证实验条件的有效利用，能有效指导学生进行实验。

专业应充分利用学校公共基础实验室、工程训练中心、实验教学中心、创新创业学院、创新创业实践中心、科研实验室和图书馆，不断丰富和拓展专业条件和资源，面向学生充分开放，提供良好的实践环境与技术条件，开设完善的课程实验与实验课程。依托校内、校外资源，建设大学生科技创新活动基地，吸引学生广泛参与科技创新、实践、竞赛等活动，提高其创造性设计能力、综合设计能力和工程实践能力。

专业应该提供教学计划中教学实验和教学实训必要的现代化仪器设备以及计算机和信息设备，包括机械工程实践教学的相关设备，计算机系列课程的软硬件和相关课程的教学实验设备。

5. 校外实践教学基地

专业应加强产教融合与产学融合，与机械工程行业优势企业联合建立校外实验室、创新基地与实践基地，聘任企业工程技术人员担任校外指导教师，健全学生到企业实习的校外实践教学制度。校外实践教学过程中，为全体学生提供稳定的参与工程实践的平台和环境。参与教学活动的人员应理解实践教学的目标与要求。配备的校外实践教学指导教师应具有项目开发或工程经验。

3.3 专业教育支撑

1. 教学经费保证

财力支持、政策导向、制度保障、各级教学管理者的重视以及教辅人员的配备等应有利于保证教学计划执行的时效性和连续性。

专业应有足够的财力支持师资队伍建设，相关的政策和制度能够有效地吸引和留住高水平的教师从事教学工作,并且使其自身得到不断的发展和提高。

专业应有足够的财力用于教学实验设备的更新、维护和运行,以及实验器材消耗的补足与充实。还应有足够的财力用于教学实验,以及学生实习、实训和创新活动的开展。

2. 教育教学过程管理

专业应有必要的教辅人员和教学服务体系保证教学计划的顺利实施,有利于教学互动和教学信息的传递。

学校、学院、系所有负责人始终要把人才培养作为第一要务,把保证教学质量作为神圣的职责,常抓不懈,才能把专业办出特色,办成品牌。

3. 质量保证体系

专业应对主要教学环节(包括理论课程和实验课程)建立质量监督机制,使主要教学环节的实施过程处于有效监控状态。主要教学环节应有明确的质量要求,应建立对课程体系设置和主要教学环节教育质量的定期评价机制,评价时应重视学生与校内外专家的意见。

专业应构建以本科教学质量报告、专业评价、课程评价、教学评价、学生评价为主体的教学质量评价体系,监控课堂教学、实习、实验与毕业设计(论文)等教学环节质量标准落实情况。

4. 课程教学目标和毕业要求达成情况评价体系

专业应建立闭环的教学过程质量监控机制。各主要教学环节有明确的质量要求,通过课程教学和评价方法促进达成培养目标;定期进行课程体系设置合理性和教学质量评价。专业必须对学生在整个学习过程中的表现进行跟踪与评估,以保证学生毕业时达到毕业要求,毕业后具有社会适应能力与就业竞争力;专业应建立持续改进机制,针对教育质量存在的问题和薄弱环节,采取有效的纠正和预防措施并进行持续改进,不断提升教学质量。

5. 毕业生、用人单位满意度跟踪调查机制

专业应建立毕业生跟踪反馈机制,及时掌握毕业生就业去向和就业质量、毕业生职业满意度和工作成就感,以及用人单位对毕业生的满意度。应采用科学的方法,对毕业生的跟踪反馈信息进行统计分析,形成分析报告并以其作为质量改进的主要依据。专业应定期进行毕业生座谈或问卷调查,了解毕业生对教学、管理、服务的意见和建议;建立对社会用人单位的跟踪调查机制,定期了解社会用人单位的需求和对毕业生知识、能力、素养的综合评价,以便对专业建设进行持续改进。

第4章 机械工程教育知识体系

本章介绍机械工程学科的本科生教育知识体系(mechanical engineering education knowledge,MEEK)。

4.1 知识体系的结构

本教程将机械工程教育知识体系划分成四个层次:知识领域(knowledge area)、子知识领域(sub knowledge area)、知识单元(knowledge unit)和知识点(knowledge topic)。一个知识领域可以分解为若干个子知识领域,一个子知识领域又可以分为若干个知识单元,一个知识单元又包含若干个知识点。

(1)知识体系的最高层是知识领域,它代表了特定的学科子域,通常被认为是本科生应该了解的机械工程知识体系的一个重要部分。知识领域是用于组织、分类和描述机械工程知识体系的高级结构元素,每个知识领域用英文字母缩写来标识,例如,ME.MD 表示机械设计原理与方法知识领域。

(2)知识体系的第二层是子知识领域,表示知识领域中独立的主题模块。每个子知识领域采用在知识领域标识后添加一个由两个或三个英文字母组成的后缀来表示,例如,ME.MD.MD 表示机械设计原理与方法知识领域下的现代设计理论与方法子知识领域。

(3)知识体系的第三层是知识单元,表示子知识领域中独立的专题模块。每个知识单元采用在子知识领域标识后添加一个数字组成的后缀来表示,例如,ME.MD.MD.04 表示机械设计原理与方法知识领域下、现代设计理论与方法子知识领域中关于可靠性设计的知识单元。

(4)知识体系的最底层是知识点,在知识单元内用数字编号,例如,ME.MD.MD.04.02 表示机械设计原理与方法知识领域下、现代设计理论与方法子知识领域中关于可靠性设计知识单元的第二个知识点——可靠性设计中常用的概率分布。

4.2 专业教育组成

专业教育组成应包含相应的学科领域。根据专业培养目标,制订人才培养方案,设置课程体系。培养方案和课程体系应满足机械类专业工程教育认证的要求,支撑专业培养目标的达成,同时也要体现不同类型学校的专业办学特色。

专业教育知识体系应涵盖数学类和自然科学类、工程科学类和工程设计与实践类、人文和社会科学类的相关知识领域。

专业教育知识体系应涵盖以下内容。

1. 数学类和自然科学类

数学类包括线性代数、微积分、微分方程、概率和数理统计、计算方法等课程。
自然科学类的科目应包括物理和化学,也可考虑生命科学基础等。

2. 工程科学类和工程设计与实践类

工程科学类的科目以数学和基础科学为基础,更多地传授创造性应用方面的知识。一般应包括数学或数值技术、模拟、仿真和实验方法的应用。侧重于发现并解决实际的复杂工程问题。这些科目包括理论力学、材料力学、流体力学、工程热力学、传热学、电工电子学、控制理论和材料科学基础及其他相关学科的科目。

工程设计与实践类综合了数学、基础科学、工程科学、零部件与系统,以及满足特殊需要的加工工艺及控制等方面的专业课程,包括机械设计基础、机械制造基础、机电控制、工程测试及信息处理等相关科目与实践性教学环节。这是一种具有创造性、重复性并通常无止境的过程,要受到标准或立法的约束,并不同程度地取决于规范。这些约束可能涉及经济、健康、安全、环境、社会或其他相关跨学科的因素。

工程科学类和工程设计与实践类还应包含必要的计算机与制造赋能技术等内容。

建议和鼓励有条件的高校尝试使用状态空间方法描述机、电、控制系统,建立内部变量和外部输入与测量输出之间的关系,用以对力学性能进行研究,并能利用数值计算方法进行状态变量的精确求解与分析。

院校要支持学生到工程单位和企业实习或工作,以取得实践经验。要有必要的教学或实践环节让学生理解工程伦理和专业工程师的作用和职责,并自觉遵守。

3. 人文和社会科学类

可用于学习哲学、政治经济学、法律、社会学、环境、历史、文学艺术、人类学、外语、管理学、工程经济学和情报交流等。

4.3 机械工程教育知识领域

机械工程教育知识体系包含5个知识领域:工程基础、机械设计原理与方法、机械制造工程原理与技术、机械系统传动与控制和制造赋能技术。每个知识领域及其子知识领域见表4.1。

表4.1 机械工程教育知识体系

知识领域		子知识领域	
编码	中英文名称	编码	中英文名称
ME.EF	工程基础(Engineering Foundation)	ME.EF.MS	① 材料学(Material Science)
		ME.EF.EM	② 工程力学(Engineering Mechanics)
		ME.EF.FM	③ 工程流体力学(Fluid Mechanics)
		ME.EF.TH	④ 工程热力学与传热学(Thermodynamics and Heat Transfer)
		ME.EF.EE	⑤ 电工电子学(Electrotechnics and Electronics)
		ME.EF.SE	⑥ 系统工程学(System Engineering)
ME.MD	机械设计原理与方法(Principle and Method of Mechanical Design)	ME.MD.SD	① 形体设计原理与方法(Principle and Method of Shape Design)
		ME.MD.MPD	② 机械产品设计原理与方法(Principle and Method of Mechanical Product Design)

续表

知 识 领 域		子知识领域	
ME.MD	机械设计原理与方法（Principle and Method of Mechanical Design）	ME.MD.MD	③ 现代设计理论与方法（Theory and Method of Modern Design）
ME.MM	机械制造工程原理与技术（Mechanical Manufacturing Engineering Principle and Technology）	ME.MM.MMT	① 机械制造基本理论（Mechanical Manufacturing Theory）
		ME.MM.AMT	② 现代制造技术（Advanced Manufacturing Technology）
ME.TC	机械系统传动与控制（Mechanical System Transmission and Control）	ME.TC.STT	① 传感与测试技术（Sensing and Testing Technology）
		ME.TC.ETC	② 机电传动与控制（Electromechanical Transmission and Control）
ME.MET	制造赋能技术（Manufacturing Enabling Technology）	ME.MET.DT	① 数字化技术（Digital Technology）
		ME.MET.NT	② 网络化技术（Network Technology）
		ME.MET.IT	③ 智能化技术（Intelligent Technology）

4.3.1 工程基础

工程基础是机械工程专业所必需的基础课程，涉及与工程相关领域的科学原理和方法，作为数学、物理和化学等科学课程与机械工程专业课程之间的桥梁，是培养学生解决复杂工程问题能力的必要课程。工程基础由材料学、工程力学、工程流体力学、工程热力学与传热学、电工电子学和系统工程学构成，培养学生大工程观和科学思维，从工程实际问题抽象出科学原理，并能运用科学原理提出解决方案。

1. 基本要求

（1）掌握材料成分、组织结构、工艺和性能之间的内在规律，能够合理选择材料、制定加工方法和工艺路线，能够对机械工程构件进行失效分析。

（2）掌握物体运动过程中静力学、动力学和工程结构中构件承载能力的分析计算方法，能够将其应用于解决机械设计、制造、运行中的相关工程问题。

（3）掌握热量传递及热能和机械能相互转换的规律，能对热力过程进行分析和计算；掌握导热、对流换热和热辐射的基本概念和定律，能对典型的传热现象进行分析和定量计算；掌握流体运动的基本概念、基本原理、基本计算方法，能够对流动工程问题建立模型并求解。

（4）掌握电工、电子技术的基本知识，能够设计、分析模拟电路和数字电路。

（5）能够将上述领域知识进行综合应用，对机械工程领域复杂工程问题进行建模、推演、分析、比较、综合、论证和设计。

2. 子知识领域的具体描述

工程基础由材料学、工程力学、工程流体力学、工程热力学与传热学、电工电子学、系统工程学共6个子知识领域构成，具体见表4.2。

表 4.2　工程基础知识领域包含的 6 个子知识领域及其对应的主要课程

编　码	中英文名称	对应的主要课程
ME.EF.MS	① 材料学（Material Science）	工程材料、材料成形技术
ME.EF.EM	② 工程力学（Engineering Mechanics）	材料力学、理论力学
ME.EF.FM	③ 工程流体力学（Fluid Mechanics）	流体力学
ME.EF.TH	④ 工程热力学与传热学（Thermodynamics and Heat Transfer）	工程热力学、传热学
ME.EF.EE	⑤ 电工电子学（Electrotechnics and Electronics）	电工电子学、电路原理、模拟电路、数字电路
ME.EF.SE	⑥ 系统工程学（System Engineering）	系统工程学

工程基础知识领域中 6 个子知识领域的知识单元和知识点见表 4.3~表 4.8。

表 4.3　材料学子知识领域的知识单元和知识点

知识单元		知识点	
编　码	描　述	编　码	描　述
ME.EF.MS.01	材料概述	ME.EF.MS.01.01	材料发展历史
		ME.EF.MS.01.02	工程材料分类
		ME.EF.MS.01.03	成分-结构-性能-加工关系
ME.EF.MS.02	材料性能	ME.EF.MS.02.01	材料的拉伸性能
		ME.EF.MS.02.02	材料的硬度、韧性与疲劳性能
		ME.EF.MS.02.03	材料的物理性能与工艺性能
		ME.EF.MS.02.04	材料的失效形式
ME.EF.MS.03	材料结构	ME.EF.MS.03.01	材料的结合方式
		ME.EF.MS.03.02	金属及合金的结构
		ME.EF.MS.03.03	晶体结构与晶体缺陷
		ME.EF.MS.03.04	扩散
		ME.EF.MS.03.05	高分子聚合物的结构
		ME.EF.MS.03.06	陶瓷材料的结构
ME.EF.MS.04	材料的凝固与结晶	ME.EF.MS.04.01	二元相图的建立
		ME.EF.MS.04.02	二元相图的基本类型及应用
		ME.EF.MS.04.03	相图与合金性能之间的关系
		ME.EF.MS.04.04	铁碳合金相图
		ME.EF.MS.04.05	二元陶瓷相图
ME.EF.MS.05	材料的变形	ME.EF.MS.05.01	金属的塑性变形与再结晶
		ME.EF.MS.05.02	高分子材料的变形
		ME.EF.MS.05.03	陶瓷材料的变形
ME.EF.MS.06	钢的热处理	ME.EF.MS.06.01	热处理的基本概念
		ME.EF.MS.06.02	钢在加热时的转变
		ME.EF.MS.06.03	钢在冷却时的转变
		ME.EF.MS.06.04	钢的热处理基本工艺及应用
		ME.EF.MS.06.05	其他热处理方法简介
		ME.EF.MS.06.06	热处理工艺缺陷与零件结构

续表

知识单元		知识点	
编码	描述	编码	描述
ME.EF.MS.07	合金钢	ME.EF.MS.07.01	钢的分类
		ME.EF.MS.07.02	合金元素对钢性能的影响
		ME.EF.MS.07.03	我国的钢材编号
		ME.EF.MS.07.04	常见工业用钢的性能及用途
ME.EF.MS.08	铸铁	ME.EF.MS.08.01	铸铁的石墨化
		ME.EF.MS.08.02	常用铸铁的牌号、组织与性能
		ME.EF.MS.08.03	铸铁的热处理
ME.EF.MS.09	有色金属及其合金	ME.EF.MS.09.01	铝及其合金
		ME.EF.MS.09.02	铜及其合金
		ME.EF.MS.09.03	滑动轴承合金
		ME.EF.MS.09.04	钛及其合金
ME.EF.MS.10	常用非金属材料	ME.EF.MS.10.01	高分子材料
		ME.EF.MS.10.02	陶瓷材料
		ME.EF.MS.10.03	复合材料
		ME.EF.MS.10.04	功能材料
ME.EF.MS.11	工程材料的选用	ME.EF.MS.11.01	零件的失效形式与提高材料性能的途径
		ME.EF.MS.11.02	零件选材的一般原则和方法
		ME.EF.MS.11.03	典型零件的选材及应用

表4.4 工程力学子知识领域的知识单元和知识点

知识单元		知识点	
编码	描述	编码	描述
ME.EF.EM.01	平面力系	ME.EF.EM.01.01	静力学公理和物体的受力分析
		ME.EF.EM.01.02	平面汇交力系与平面力偶系
		ME.EF.EM.01.03	平面任意力系
		ME.EF.EM.01.04	带有摩擦的平面力系平衡问题
ME.EF.EM.02	空间力系	ME.EF.EM.02.01	力在空间投影的表示方法
		ME.EF.EM.02.02	空间力矩和力偶的数学方法
		ME.EF.EM.02.03	空间力系的简化和分类
		ME.EF.EM.02.04	空间力系的平衡问题
		ME.EF.EM.02.05	用矩阵或张量描述空间力系问题
ME.EF.EM.03	刚体基本运动	ME.EF.EM.03.01	自然坐标系运动描述方法
		ME.EF.EM.03.02	速度/加速度的物理意义
		ME.EF.EM.03.03	刚体平动的力学描述及特征
		ME.EF.EM.03.04	刚体定轴转动的力学描述及特征
		ME.EF.EM.03.05	简单齿轮系传动比计算

续表

知识单元		知识点	
编码	描述	编码	描述
ME.EF.EM.04	合成运动	ME.EF.EM.04.01	动点与动系的概念
		ME.EF.EM.04.02	绝对速度、相对速度和牵连速度
		ME.EF.EM.04.03	速度合成定理
		ME.EF.EM.04.04	牵连运动为平动的加速度合成定理
		ME.EF.EM.04.05	牵连运动为转动的加速度合成定理
		ME.EF.EM.04.06	科氏加速度的概念和计算
ME.EF.EM.05	平面运动分析	ME.EF.EM.05.01	平面运动概念
		ME.EF.EM.05.02	基点法、投影法和瞬心法求速度
		ME.EF.EM.05.03	平面运动的加速度问题
		ME.EF.EM.05.04	绕平行轴转动问题的运动学
ME.EF.EM.06	质点动力学	ME.EF.EM.06.01	牛顿三定律
		ME.EF.EM.06.02	质点运动微分方程
		ME.EF.EM.06.03	质点系动量的计算
ME.EF.EM.07	动量定理	ME.EF.EM.07.01	质点系动量定理
		ME.EF.EM.07.02	动量守恒定律
		ME.EF.EM.07.03	质心运动定律
		ME.EF.EM.07.04	正碰撞问题
ME.EF.EM.08	动量矩定理	ME.EF.EM.08.01	质点系的动量矩和转动惯量概念
		ME.EF.EM.08.02	质点系相对于固定点的动量矩定理
		ME.EF.EM.08.03	质点系相对质心的动量矩定理
		ME.EF.EM.08.04	平面运动微分方程及其应用
		ME.EF.EM.08.05	一般碰撞问题
ME.EF.EM.09	动能定理	ME.EF.EM.09.01	力的功和物体动能的计算
		ME.EF.EM.09.02	动能定理
		ME.EF.EM.09.03	机械能守恒定律
		ME.EF.EM.09.04	机械系统功率计算
		ME.EF.EM.09.05	动力学普遍方程
ME.EF.EM.10	达朗贝尔原理	ME.EF.EM.10.01	惯性力的概念
		ME.EF.EM.10.02	刚体惯性力系的简化
		ME.EF.EM.10.03	质点系达朗贝尔原理
		ME.EF.EM.10.04	简单轴承动约束力的分析
		ME.EF.EM.10.05	静平衡、动平衡的概念
		ME.EF.EM.10.06	转子动平衡

续表

知识单元		知识点	
编码	描述	编码	描述
ME.EF.EM.11	轴向拉压	ME.EF.EM.11.01	内力与轴力
		ME.EF.EM.11.02	拉、压杆内横截面上的应力
		ME.EF.EM.11.03	拉、压杆内斜截面上的应力
		ME.EF.EM.11.04	圣维南原理
		ME.EF.EM.11.05	杆的变形和位移
		ME.EF.EM.11.06	拉、压杆内的应变能及应变能密度
		ME.EF.EM.11.07	材料拉压力学性能(应力-应变曲线)
		ME.EF.EM.11.08	温度应力与装配应力
		ME.EF.EM.11.09	轴向拉压超静定问题
		ME.EF.EM.11.10	强度计算、安全因数、许用应力和应力集中
ME.EF.EM.12	剪切与挤压	ME.EF.EM.12.01	剪切强度计算
		ME.EF.EM.12.02	挤压强度计算
ME.EF.EM.13	扭转	ME.EF.EM.13.01	外力偶矩、扭矩和扭矩图
		ME.EF.EM.13.02	纯剪切
		ME.EF.EM.13.03	薄壁圆筒的扭转变形和应力分析
		ME.EF.EM.13.04	实心轴扭转的扭转变形和应力分析
		ME.EF.EM.13.05	实心轴扭转的强度条件和刚度计算
		ME.EF.EM.13.06	扭转变形能
		ME.EF.EM.13.07	扭转静不定问题
		ME.EF.EM.13.08	非圆截面杆扭转
ME.EF.EM.14	截面的几何性质	ME.EF.EM.14.01	静矩和形心
		ME.EF.EM.14.02	惯性矩和惯性积
		ME.EF.EM.14.03	平行移轴公式
		ME.EF.EM.14.04	主惯性轴与主惯性矩
		ME.EF.EM.14.05	转轴公式
ME.EF.EM.15	弯曲内力	ME.EF.EM.15.01	平面弯曲的概念及梁的计算简图
		ME.EF.EM.15.02	剪力和弯矩的求解及其方程的建立
		ME.EF.EM.15.03	梁的剪力图和弯矩图
		ME.EF.EM.15.04	弯矩、剪力和荷载集度间的关系
		ME.EF.EM.15.05	叠加法作弯矩图

续表

知识单元		知识点	
编码	描述	编码	描述
ME.EF.EM.16	弯曲应力	ME.EF.EM.16.01	梁弯曲的正应力
		ME.EF.EM.16.02	梁的弯曲正应力强度计算
		ME.EF.EM.16.03	梁的弯曲切应力强度计算
		ME.EF.EM.16.04	非对称截面梁校核
		ME.EF.EM.16.05	提高梁的弯曲强度措施
		ME.EF.EM.16.06	等强度梁
ME.EF.EM.17	弯曲变形	ME.EF.EM.17.01	梁的挠度曲线近似微分方程
		ME.EF.EM.17.02	积分法求梁的转角和挠度
		ME.EF.EM.17.03	用叠加法求梁的转角和挠度
		ME.EF.EM.17.04	梁的刚度
		ME.EF.EM.17.05	弯曲变形能
		ME.EF.EM.17.06	静不定梁
ME.EF.EM.18	应力状态和强度理论	ME.EF.EM.18.01	应力状态的概念及主应力与主平面
		ME.EF.EM.18.02	二向应力解析法
		ME.EF.EM.18.03	二向应力图解法
		ME.EF.EM.18.04	三向应力状态及应力圆与最大切应力
		ME.EF.EM.18.05	广义胡克定律、体积应变
		ME.EF.EM.18.06	弹性应变能密度、体积改变能密度及形状改变能密度
		ME.EF.EM.18.07	强度理论概念与相当应力
		ME.EF.EM.18.08	四种常用强度理论适用范围及其应用
		ME.EF.EM.18.09	莫尔强度理论
ME.EF.EM.19	组合变形	ME.EF.EM.19.01	组合变形概念和应力叠加法
		ME.EF.EM.19.02	斜弯曲
		ME.EF.EM.19.03	拉(压)与弯曲组合
		ME.EF.EM.19.04	偏心压缩(或拉伸)、截面核心
		ME.EF.EM.19.05	弯扭组合
ME.EF.EM.20	压杆稳定	ME.EF.EM.20.01	稳定的概念
		ME.EF.EM.20.02	细长压杆临界力与欧拉公式
		ME.EF.EM.20.03	约束对细长杆临界力的影响
		ME.EF.EM.20.04	柔度杆的临界力
		ME.EF.EM.20.05	压杆的稳定计算
		ME.EF.EM.20.06	提高压杆稳定性的措施
ME.EF.EM.21	交变应力与冲击应力	ME.EF.EM.21.01	交变应力和疲劳循环
		ME.EF.EM.21.02	循环特征、平均应力和应力幅
		ME.EF.EM.21.03	材料的持久极限
		ME.EF.EM.21.04	对称循环下构件的疲劳强度校核
		ME.EF.EM.21.05	动载荷及冲击应力

表 4.5　工程流体力学子知识领域的知识单元和知识点

知识单元		知识点	
编码	描述	编码	描述
ME.EF.FM.01	流体力学的基本知识	ME.EF.FM.01.01	流体力学的任务、研究对象和研究方法
		ME.EF.FM.01.02	流体的主要物理性质和作用力
ME.EF.FM.02	流体静力学	ME.EF.FM.02.01	流体静力学的基本方程
		ME.EF.FM.02.02	静止流场中的质量力条件
		ME.EF.FM.02.03	压力的度量单位和表示方法
		ME.EF.FM.02.04	流体的相对平衡问题
		ME.EF.FM.02.05	静止流体作用于壁面上的合力
ME.EF.FM.03	流体运动的基本概念和基本方程	ME.EF.FM.03.01	描述流体流动的方法
		ME.EF.FM.03.02	流线、迹线和流体线、标记线
		ME.EF.FM.03.03	定常流动和不定常流动
		ME.EF.FM.03.04	流管与流量、连续性方程
		ME.EF.FM.03.05	理想不可压缩流体运动微分方程
		ME.EF.FM.03.06	伯努利方程及其应用
		ME.EF.FM.03.07	动量定理与动量矩定理
		ME.EF.FM.03.08	黏性流体总流的伯努利方程
ME.EF.FM.04	相似原理和量纲分析	ME.EF.FM.04.01	流体的力学相似
		ME.EF.FM.04.02	相似准则
		ME.EF.FM.04.03	近似的模型相似
		ME.EF.FM.04.04	量纲分析法
ME.EF.FM.05	黏性流动与管内流动阻力计算	ME.EF.FM.05.01	管内流动的能量损失
		ME.EF.FM.05.02	黏性流体的两种流态
		ME.EF.FM.05.03	管道入口段中的流动
		ME.EF.FM.05.04	圆管内流体的层流流动
		ME.EF.FM.05.05	黏性流体的紊流流动
		ME.EF.FM.05.06	圆管内的沿程阻力损失计算
		ME.EF.FM.05.07	管路中局部阻力损失计算
		ME.EF.FM.05.08	边界层的基本概念
		ME.EF.FM.05.09	边界层分离和绕流阻力
		ME.EF.FM.05.10	平板紊流边界层的近似计算
		ME.EF.FM.05.11	二维平板混合边界层近似计算
		ME.EF.FM.05.12	小雷诺数平行流绕球体的阻力
ME.EF.FM.06	有压管路的水力计算	ME.EF.FM.06.01	简单管道水力计算
		ME.EF.FM.06.02	串联管道水力计算
		ME.EF.FM.06.03	并联管道水力计算
		ME.EF.FM.06.04	水击现象分析
		ME.EF.FM.06.05	防止水击危害的方法

续表

知识单元		知识点	
编码	描述	编码	描述
ME.EF.FM.07	缝隙流动	ME.EF.FM.07.01	平行平板间的缝隙流动
		ME.EF.FM.07.02	平行圆盘间的缝隙流动
		ME.EF.FM.07.03	倾斜平板间的缝隙流动
ME.EF.FM.08	一维定常可压缩流体流动	ME.EF.FM.08.01	一维定常可压缩流体流动
		ME.EF.FM.08.02	激波与膨胀波
		ME.EF.FM.08.03	变截面喷管的流动计算
ME.EF.FM.09	流动的测量与流场显示技术	ME.EF.FM.09.01	流动的基本测试方法
		ME.EF.FM.09.02	测量设备及原理
		ME.EF.FM.09.03	流动实验介绍
		ME.EF.FM.09.04	实验模型及实验装置的设计
ME.EF.FM.10	计算流体力学简介	ME.EF.FM.10.01	计算流体力学的基本原理
		ME.EF.FM.10.02	主流 CFD 软件的介绍
		ME.EF.FM.10.03	CFD 仿真实例分析

表 4.6 工程热力学与传热学子知识领域的知识单元和知识点

知识单元		知识点	
编码	描述	编码	描述
ME.EF.TH.01	工程热力学基本概念	ME.EF.TH.01.01	工程热力学的研究对象和方法
		ME.EF.TH.01.02	热力系统和工质
		ME.EF.TH.01.03	平衡状态及状态参数
		ME.EF.TH.01.04	热力过程和热力循环
		ME.EF.TH.01.05	过程量：功和热量
ME.EF.TH.02	热力学第一定律	ME.EF.TH.02.01	热力学第一定律的实质
		ME.EF.TH.02.02	储存能
		ME.EF.TH.02.03	流动工质的焓
		ME.EF.TH.02.04	能量方程式的一般表达式
		ME.EF.TH.02.05	闭口系能量方程式
		ME.EF.TH.02.06	稳定流动的能量方程式
ME.EF.TH.03	工质的热力性质	ME.EF.TH.03.01	理想气体及状态方程式
		ME.EF.TH.03.02	理想气体的比热容
		ME.EF.TH.03.03	理想气体的热力参数计算
		ME.EF.TH.03.04	理想气体混合物
		ME.EF.TH.03.05	水蒸气的热力性质
		ME.EF.TH.03.06	湿空气及其状态参数
ME.EF.TH.04	工质的热力过程	ME.EF.TH.04.01	热力过程分析方法
		ME.EF.TH.04.02	四种典型热力过程分析
		ME.EF.TH.04.03	多变过程分析
		ME.EF.TH.04.04	水蒸气的基本热力过程
		ME.EF.TH.04.05	湿空气的基本热力过程

续表

知识单元		知识点	
编码	描述	编码	描述
ME.EF.TH.05	热力学第二定律	ME.EF.TH.05.01	热力学第二定律的描述
		ME.EF.TH.05.02	卡诺循环和卡诺定理
		ME.EF.TH.05.03	熵的数学表达式
		ME.EF.TH.05.04	孤立系统熵增原理和做功能力损失
ME.EF.TH.06	气体的压缩	ME.EF.TH.06.01	活塞式压气机的工作过程及耗功
		ME.EF.TH.06.02	分级压缩和中间冷却
		ME.EF.TH.06.03	叶轮式压气机的工作原理
ME.EF.TH.07	气体和蒸汽流动	ME.EF.TH.07.01	稳定流动基本方程
		ME.EF.TH.07.02	喷管和扩压管
		ME.EF.TH.07.03	绝热节流
ME.EF.TH.08	气体动力循环	ME.EF.TH.08.01	活塞式内燃机循环
		ME.EF.TH.08.02	燃气轮机循环
ME.EF.TH.09	蒸汽动力循环	ME.EF.TH.09.01	朗肯循环
		ME.EF.TH.09.02	再热循环
		ME.EF.TH.09.03	回热循环
ME.EF.TH.10	冷循环	ME.EF.TH.10.01	逆卡诺循环
		ME.EF.TH.10.02	空气压缩制冷循环
		ME.EF.TH.10.03	蒸汽压缩制冷循环
ME.EF.TH.11	热传导	ME.EF.TH.11.01	传热的三种基本方式
		ME.EF.TH.11.02	传热过程
ME.EF.TH.12	稳态导热	ME.EF.TH.12.01	傅里叶定律
		ME.EF.TH.12.02	导热微分方程
		ME.EF.TH.12.03	通过平壁、圆筒壁、球壳的一维稳态导热
		ME.EF.TH.12.04	通过肋片的稳态导热
		ME.EF.TH.12.05	含有内热源的一维稳态导热
ME.EF.TH.13	非稳态导热	ME.EF.TH.13.01	集总参数法
		ME.EF.TH.13.02	一维非稳态导热的分析解简介
ME.EF.TH.14	对流换热	ME.EF.TH.14.01	对流换热的分类
		ME.EF.TH.14.02	对流换热问题的数学描述
		ME.EF.TH.14.03	对流换热的边界层微分方程组
		ME.EF.TH.14.04	无相变的对流换热的实验关联式
ME.EF.TH.15	凝结与沸腾换热	ME.EF.TH.15.01	凝结换热及实验关联式
		ME.EF.TH.15.02	沸腾换热及实验关联式
ME.EF.TH.16	热辐射基本定律及物体的辐射特性	ME.EF.TH.16.01	热辐射特性
		ME.EF.TH.16.02	辐射基本定律
		ME.EF.TH.16.03	实际物体辐射特性

续表

知识单元		知识点	
编码	描述	编码	描述
ME.EF.TH.16	热辐射基本定律及物体的辐射特性	ME.EF.TH.16.04	基尔霍夫定律
		ME.EF.TH.16.05	角系数的定义、性质及计算
ME.EF.TH.17	辐射换热的计算	ME.EF.TH.17.01	被透明介质隔开的两固体表面间的换热
		ME.EF.TH.17.02	辐射换热的强化和削弱
ME.EF.TH.18	传热过程分析和换热器计算	ME.EF.TH.18.01	传热过程的分析、计算
		ME.EF.TH.18.02	换热器的形式、对数平均温差
		ME.EF.TH.18.03	换热器热计算
		ME.EF.TH.18.04	强化和削弱传热
ME.EF.TH.19	导热问题的数值解法	ME.EF.TH.19.01	数值解法的基本思想及离散方程的建立
		ME.EF.TH.19.02	导热问题的数值解法

表4.7 电工电子学子知识领域的知识单元和知识点

知识单元		知识点	
编码	描述	编码	描述
ME.EF.EE.01	电路的基本概念和基本分析方法	ME.EF.EE.01.01	电路的基本概念
		ME.EF.EE.01.02	电路分析的基本定律
		ME.EF.EE.01.03	理想电路元件
		ME.EF.EE.01.04	电路的工作状态
		ME.EF.EE.01.05	支路电流法
		ME.EF.EE.01.06	弥尔曼定理
		ME.EF.EE.01.07	叠加定理
		ME.EF.EE.01.08	实际电源的等效变换
		ME.EF.EE.01.09	戴维南定理及最大功率传输
ME.EF.EE.02	电路的暂态分析	ME.EF.EE.02.01	电路的稳态与暂态
		ME.EF.EE.02.02	一阶线性电路的暂态响应
		ME.EF.EE.02.03	一阶电路的矩形波响应
ME.EF.EE.03	正弦交流电路	ME.EF.EE.03.01	正弦交流电的基本概念
		ME.EF.EE.03.02	正弦量的相量表示法
		ME.EF.EE.03.03	单一元件的正弦交流电路
		ME.EF.EE.03.04	复杂正弦交流电路的分析
		ME.EF.EE.03.05	电路的谐振
		ME.EF.EE.03.06	功率因数及其提高
		ME.EF.EE.03.07	非正弦周期交流电路
ME.EF.EE.04	三相电路	ME.EF.EE.04.01	三相电源
		ME.EF.EE.04.02	三相电路的分析
		ME.EF.EE.04.03	安全用电

续表

知识单元		知识点	
编码	描述	编码	描述
ME.EF.EE.05	电动机	ME.EF.EE.05.01	电动机概述
		ME.EF.EE.05.02	三相异步电动机
		ME.EF.EE.05.03	单相异步电动机
		ME.EF.EE.05.04	同步电动机
		ME.EF.EE.05.05	步进电动机
		ME.EF.EE.05.06	直流电动机
ME.EF.EE.06	继电接触器控制系统	ME.EF.EE.06.01	继电接触器控制概述
		ME.EF.EE.06.02	常用低压控制电器
		ME.EF.EE.06.03	异步电动机的直接启停控制
		ME.EF.EE.06.04	异步电动机的正反转控制
		ME.EF.EE.06.05	行程控制与时间控制
ME.EF.EE.07	可编程序控制器	ME.EF.EE.07.01	可编程序控制器概述
		ME.EF.EE.07.02	PLC的编程元件
		ME.EF.EE.07.03	PLC的编程指令
ME.EF.EE.08	变压器	ME.EF.EE.08.01	变压器概述
		ME.EF.EE.08.02	交流铁芯线圈电路与变压器工作原理
		ME.EF.EE.08.03	变压器的铭牌参数与使用
		ME.EF.EE.08.04	特殊变压器与电磁铁
ME.EF.EE.09	半导体器件基础	ME.EF.EE.09.01	半导体与PN结
		ME.EF.EE.09.02	二极管及其应用
		ME.EF.EE.09.03	双极性晶体三极管
		ME.EF.EE.09.04	场效应管
ME.EF.EE.10	放大电路分析	ME.EF.EE.10.01	放大电路的基本概念
		ME.EF.EE.10.02	晶体管放大器
		ME.EF.EE.10.03	场效应管放大器
		ME.EF.EE.10.04	多级放大电路
		ME.EF.EE.10.05	差分放大电路
		ME.EF.EE.10.06	功率放大电路
ME.EF.EE.11	集成运算放大器	ME.EF.EE.11.01	集成运算放大器简介
		ME.EF.EE.11.02	负反馈及其对集成运放的影响
		ME.EF.EE.11.03	运放构成的线性运算电路
		ME.EF.EE.11.04	运放的非线性应用
		ME.EF.EE.11.05	信号产生电路
ME.EF.EE.12	直流稳压电源	ME.EF.EE.12.01	整流电路
		ME.EF.EE.12.02	滤波电路
		ME.EF.EE.12.03	稳压电路
		ME.EF.EE.12.04	晶闸管及其应用
ME.EF.EE.13	组合逻辑电路	ME.EF.EE.13.01	数字电路基础
		ME.EF.EE.13.02	组合逻辑电路的分析与设计
		ME.EF.EE.13.03	组合逻辑电路的应用

续表

知识单元		知识点	
编码	描述	编码	描述
ME.EF.EE.14	时序逻辑电路	ME.EF.EE.14.01	双稳态触发器
		ME.EF.EE.14.02	计数器
		ME.EF.EE.14.03	寄存器
		ME.EF.EE.14.04	时序逻辑电路的分析和设计
		ME.EF.EE.14.05	集成555定时器
		ME.EF.EE.14.06	可编程逻辑器件
ME.EF.EE.15	模拟量与数字量转换	ME.EF.EE.15.01	数模转换
		ME.EF.EE.15.02	模数转换

表4.8 系统工程学子知识领域的知识单元和知识点

知识单元		知识点	
编码	描述	编码	描述
ME.EF.SE.01	系统工程概述	ME.EF.SE.01.01	系统工程的产生、发展及应用
		ME.EF.SE.01.02	系统工程的研究对象
		ME.EF.SE.01.03	系统工程的基本思想
		ME.EF.SE.01.04	系统工程的概念与特点
		ME.EF.SE.01.05	系统工程与传统工程的区别
		ME.EF.SE.01.06	系统工程的应用领域
ME.EF.SE.02	系统工程方法论	ME.EF.SE.02.01	系统工程的基本工作过程
		ME.EF.SE.02.02	系统分析原理
		ME.EF.SE.02.03	创新思维与创新分析方法
		ME.EF.SE.02.04	系统工程方法论的新发展
ME.EF.SE.03	系统模型与模型化	ME.EF.SE.03.01	系统模型与模型化概述
		ME.EF.SE.03.02	系统结构模型化技术
		ME.EF.SE.03.03	主成分分析及聚类分析
		ME.EF.SE.03.04	状态空间模型
		ME.EF.SE.03.05	系统工程模型技术的新进展
ME.EF.SE.04	系统仿真及系统动力学方法	ME.EF.SE.04.01	系统工程产生发展及应用
		ME.EF.SE.04.02	系统动力学结构模型化原理
		ME.EF.SE.04.03	离散系统的仿真策略
ME.EF.SE.05	系统评价方法	ME.EF.SE.05.01	系统评价原理
		ME.EF.SE.05.02	关联矩阵法
		ME.EF.SE.05.03	层次分析(AHP)法
		ME.EF.SE.05.04	YaAHP决策实验
		ME.EF.SE.05.05	网络分析(ANP)法
		ME.EF.SE.05.06	模糊综合评判法
ME.EF.SE.06	决策分析方法	ME.EF.SE.06.01	决策分类
		ME.EF.SE.06.02	风险型决策分析
		ME.EF.SE.06.03	不确定型决策——鲁棒决策分析
		ME.EF.SE.06.04	管理博弈及冲突分析

4.3.2 机械设计原理与方法

机械设计的最终目的是为市场提供优质高效、物美价廉的机械产品，在市场竞争中取得优势，赢得用户，获得良好的社会效益和经济效益。

产品的质量和经济效益取决于设计、制造和管理的综合水平，而产品设计是关键。没有高质量的设计，就不可能有高质量的产品；没有经济观念的设计者，绝不可能设计出高性价比的产品。因此，在机械产品设计中，特别强调和重视从系统的观点出发，合理赋予系统的功能，重视机电技术的有机结合，注重新技术、新工艺及新材料等的采用；努力提高产品的可靠性、经济性及保证安全性。

1. 基本要求

(1) 了解机械设计的目的、意义、基本要求、设计规范和一般过程，能够根据科技进步与市场需求，运用标准、规范、手册、图册及网络信息等技术资料，设计具有社会竞争力的机械产品。

(2) 掌握用计算机和仪器绘图的使用方法，并可徒手绘图，能够阅读工程图样、进行形体设计和表达工程设计思想。

(3) 掌握力学基本理论与方法，并能用于设计、分析机械工程实际问题。

(4) 掌握互换性基本理论，能进行零部件的精度设计。

(5) 掌握机构设计与分析的基本理论、基本知识和基本技能，能够拟定机构及其系统运动方案、分析和设计机构。

(6) 掌握机械零部件设计的基本理论、基本知识和基本技能，能够合理选用结构材料，能够设计机械传动装置和简单机械。

(7) 初步掌握机械产品总体设计的全过程及各部分设计协作的方法。

(8) 初步掌握基本机械实验技术，能够制订实验方案、进行实验、分析和解释数据。

(9) 了解现代机械设计的先进理论与方法，初步掌握创新设计、优化设计、可靠性设计、计算机辅助设计、有限元方法、智能设计等方法的基本原理，并能用于解决复杂工程问题。

2. 子知识领域的具体描述

为使机械类专业本科学生具有扎实的基础理论和专业知识，基于认知规律和设计能力培养的渐进性，并结合工程设计特点，将机械设计原理与方法知识领域划分为如表4.9所示的3个子知识领域。形体设计原理与方法子知识领域重点培养机械零部件形体结构的设计构思和表达能力。机械产品设计原理与方法子知识领域以实现机械产品的设计为目标：一是使学生能够解决常用机构设计中的运动学、动力学等问题，包括运动学、动力学分析模型的建立与求解，以及基于功能、运动和动力性能要求进行机构系统方案设计和参数设计，培养创新意识与创新设计能力；二是使学生能够结合机械装置的使用工况，进行机械系统组成单元的方案设计、工作能力设计和结构设计，包括标准零部件的选择计算等；三是使学生具备通用机械整机产品设计的基本知识，能够进行机械产品的整体方案设计和集成设计，培养综合设计能力；四是使学生能从工作要求、工艺性、经济性等角度进行常用零件配合、形状与位置公差及表面粗糙度的选用和标注，并了解有关检验、测量技术与方法。现代设计理论与方法子知识领域则为高效获得可行、可靠、优化的设计结果提供理论与方法的支持。

表4.9　机械设计原理与方法知识领域包含的3个子知识领域及其对应的主要课程

编码	中英文名称	对应的主要课程
ME.MD.SD	① 形体设计原理与方法(Principle and Method of Shape Design)	工程图学
ME.MD.MPD	② 机械产品设计原理与方法(Principle and Method of Mechanical Product Design)	机械原理、机械设计、互换性原理与测量技术/精度设计
ME.MD.MD	③ 现代设计理论与方法(Theory and Method of Modern Design)	现代设计理论与方法

机械设计原理与方法知识领域中3个子知识领域的知识单元和知识点见表4.10~表4.12,其中带*号作为扩展或选学知识点。

表4.10　形体设计原理与方法子知识领域的知识单元和知识点

知识单元		知识点	
编码	描述	编码	描述
ME.MD.SD.01	形体设计基本理论、技术与规范	ME.MD.SD.01.01	国家标准《技术制图》的基本规定
		ME.MD.SD.01.02	计算机绘图基础
		ME.MD.SD.01.03	平面图形分析与构形
ME.MD.SD.02	三维实体造型与视图生成	ME.MD.SD.02.01	形体的结构分析
		ME.MD.SD.02.02	三维实体造型
		ME.MD.SD.02.03	投影原理
		ME.MD.SD.02.04	基本体和组合体的三视图
		ME.MD.SD.02.05	三视图的计算机生成与输出
ME.MD.SD.03	视图分析与形体构造	ME.MD.SD.03.01	视图分析
		ME.MD.SD.03.02	读图分析
ME.MD.SD.04	机件常用表达方法	ME.MD.SD.04.01	视图
		ME.MD.SD.04.02	剖视图
		ME.MD.SD.04.03	断面图
		ME.MD.SD.04.04	规定画法及简化画法
		ME.MD.SD.04.05	计算机实现各种视图
ME.MD.SD.05	标准件与常用件的表达方法	ME.MD.SD.05.01	螺纹的画法
		ME.MD.SD.05.02	齿轮的画法
		ME.MD.SD.05.03	键、销的画法
		ME.MD.SD.05.04	弹簧的画法
		ME.MD.SD.05.05	滚动轴承的画法
		ME.MD.SD.05.06	有关软件中的标准件、常用件图库及调用方法
ME.MD.SD.06	零件图	ME.MD.SD.06.01	零件图的内容
		ME.MD.SD.06.02	零件图的视图选择及尺寸标注
		ME.MD.SD.06.03	零件图的技术要求
		ME.MD.SD.06.04	零件图上的简化表示
		ME.MD.SD.06.05	零件图解读

知识单元		知识点	
编码	描述	编码	描述
ME.MD.SD.07	装配图	ME.MD.SD.07.01	装配图的画法
		ME.MD.SD.07.02	由装配图拆画零件图
		ME.MD.SD.07.03	装配图的计算机生成

表4.11 机械产品设计原理与方法子知识领域的知识单元和知识点

知识单元		知识点	
编码	描述	编码	描述
ME.MD.MPD.01	机械产品设计概述	ME.MD.MPD.01.01	机械产品设计问题的描述与解决
		ME.MD.MPD.01.02	机械产品功能需求获取与建模
		ME.MD.MPD.01.03	机械产品概念设计与方案设计
		ME.MD.MPD.01.04	机械产品性能设计与优化
		ME.MD.MPD.01.05	机械产品仿真与数字样机
		ME.MD.MPD.01.06	几何精度设计概述
ME.MD.MPD.02	机构的结构分析	ME.MD.MPD.02.01	机构的组成
		ME.MD.MPD.02.02	机构运动简图
		ME.MD.MPD.02.03	平面机构自由度计算和具有确定运动的条件
		ME.MD.MPD.02.04	平面机构中的高副低代
		ME.MD.MPD.02.05	平面机构的组成原理和结构分析
ME.MD.MPD.03	机构的运动分析	ME.MD.MPD.03.01	机构运动分析的任务、目的和方法
		ME.MD.MPD.03.02	平面机构运动分析的图解法（速度瞬心法、矢量方程图解法）
		ME.MD.MPD.03.03	平面机构运动分析的解析法（矢量方程解析法、复数法）
ME.MD.MPD.04	机构的力分析	ME.MD.MPD.04.01	机构力分析的任务、目的和方法
		ME.MD.MPD.04.02	运动副中摩擦力的确定
		ME.MD.MPD.04.03	不考虑摩擦时平面机构的力分析
		ME.MD.MPD.04.04	考虑摩擦时平面机构的力分析
		ME.MD.MPD.04.05	平面机构运动、动力分析仿真

续表

知识单元		知识点	
编码	描述	编码	描述
ME.MD.MPD.05	机械的效率和自锁	ME.MD.MPD.05.01	机械的效率概念与计算
		ME.MD.MPD.05.02	机械的自锁概念与自锁条件的确定
		ME.MD.MPD.05.03	机械系统的效率
ME.MD.MPD.06	机械的平衡	ME.MD.MPD.06.01	机械平衡的目的及内容
		ME.MD.MPD.06.02	刚性转子的平衡计算
		ME.MD.MPD.06.03	刚性转子的平衡实验
		ME.MD.MPD.06.04	挠性转子平衡简介
		ME.MD.MPD.06.05	平面机构的平衡
ME.MD.MPD.07	机械的运转及其速度波动的调节	ME.MD.MPD.07.01	机械的运转过程
		ME.MD.MPD.07.02	机械的运动方程及其求解
		ME.MD.MPD.07.03	等效动力学模型
		ME.MD.MPD.07.04	周期性速度波动及其调节
		ME.MD.MPD.07.05	非周期性速度波动及其调节
ME.MD.MPD.08	连杆机构及其设计	ME.MD.MPD.08.01	连杆机构及其传动特点
		ME.MD.MPD.08.02	平面四杆机构的类型和应用
		ME.MD.MPD.08.03	平面四杆机构的工作特性
		ME.MD.MPD.08.04	平面四杆机构的运动设计
ME.MD.MPD.09	凸轮机构及其设计	ME.MD.MPD.09.01	凸轮机构的应用和分类
		ME.MD.MPD.09.02	从动件的运动规律
		ME.MD.MPD.09.03	平面凸轮机构凸轮轮廓曲线的设计
		ME.MD.MPD.09.04	平面凸轮机构基本尺寸的确定
		ME.MD.MPD.09.05	高速凸轮机构简介
ME.MD.MPD.10	齿轮机构及其设计	ME.MD.MPD.10.01	齿轮机构的类型
		ME.MD.MPD.10.02	齿廓啮合基本定律
		ME.MD.MPD.10.03	渐开线齿廓及其啮合特点
		ME.MD.MPD.10.04	渐开线直齿圆柱齿轮的基本参数和几何尺寸计算
		ME.MD.MPD.10.05	渐开线直齿圆柱齿轮的啮合传动
		ME.MD.MPD.10.06	渐开线齿轮的切制原理和变位修正
		ME.MD.MPD.10.07	渐开线变位直齿圆柱齿轮机构的设计计算
		ME.MD.MPD.10.08	平行轴斜齿圆柱齿轮机构及其运动设计
		ME.MD.MPD.10.09	蜗杆机构及其运动设计
		ME.MD.MPD.10.10	锥齿轮机构及其运动设计

续表

知识单元		知识点	
编码	描述	编码	描述
ME.MD.MPD.11	轮系及其设计	ME.MD.MPD.11.01	轮系类型和功用
		ME.MD.MPD.11.02	定轴轮系的传动比计算和方案设计
		ME.MD.MPD.11.03	周转轮系的传动比计算和方案设计、参数设计
		ME.MD.MPD.11.04	复合轮系的传动比计算
		ME.MD.MPD.11.05	行星轮系的效率
		ME.MD.MPD.11.06	谐波齿轮传动、RV减速器
ME.MD.MPD.12	其他常用机构*	ME.MD.MPD.12.01	棘轮机构
		ME.MD.MPD.12.02	槽轮机构
		ME.MD.MPD.12.03	不完全齿轮机构
		ME.MD.MPD.12.04	万向铰链机构
		ME.MD.MPD.12.05	柔顺机构
		ME.MD.MPD.12.06	可展开机构
		ME.MD.MPD.12.07	广义机构、组合机构
ME.MD.MPD.13	机构系统的运动方案设计	ME.MD.MPD.13.01	机构系统设计的一般过程
		ME.MD.MPD.13.02	机构的选型、组合方式、运动循环图拟定
		ME.MD.MPD.13.03	机构系统运动方案设计的基本过程
		ME.MD.MPD.13.04	机构系统运动方案的评价准则
ME.MD.MPD.14	机械零件的强度	ME.MD.MPD.14.01	机械零件的疲劳强度
		ME.MD.MPD.14.02	机械零件的抗断裂强度
		ME.MD.MPD.14.03	机械零件的接触强度
ME.MD.MPD.15	螺纹连接和螺旋传动	ME.MD.MPD.15.01	螺纹的类型
		ME.MD.MPD.15.02	螺纹连接的类型和标准连接件
		ME.MD.MPD.15.03	螺纹连接的预紧和防松
		ME.MD.MPD.15.04	螺栓连接的强度计算
		ME.MD.MPD.15.05	螺栓组连接的设计
		ME.MD.MPD.15.06	螺纹连接件的材料及许用应力
		ME.MD.MPD.15.07	提高螺纹连接强度的措施
		ME.MD.MPD.15.08	螺旋传动
		ME.MD.MPD.15.09	滑动螺旋传动计算
		ME.MD.MPD.15.10	滚动螺旋传动简介与选型
ME.MD.MPD.16	键、花键、无键连接、销连接、过盈连接	ME.MD.MPD.16.01	键连接
		ME.MD.MPD.16.02	花键连接
		ME.MD.MPD.16.03	无键连接

续表

知识单元		知识点	
编码	描述	编码	描述
ME.MD.MPD.16	键、花键、无键连接、销连接、过盈连接	ME.MD.MPD.16.04	销连接
		ME.MD.MPD.16.05	过盈连接
ME.MD.MPD.17	焊接、铆接和胶接*	ME.MD.MPD.17.01	铆接
		ME.MD.MPD.17.02	焊接
		ME.MD.MPD.17.03	胶接
ME.MD.MPD.18	带传动	ME.MD.MPD.18.01	带传动的类型、结构、特点、应用及类型
		ME.MD.MPD.18.02	带传动工作情况分析
		ME.MD.MPD.18.03	普通V带传动的设计计算
		ME.MD.MPD.18.04	带传动结构设计
		ME.MD.MPD.18.05	同步带及高速带传动
ME.MD.MPD.19	链传动	ME.MD.MPD.19.01	传动链的类型、结构、特点及应用
		ME.MD.MPD.19.02	链传动的运动特性和受力分析
		ME.MD.MPD.19.03	链传动的失效、设计计算及结构设计
ME.MD.MPD.20	齿轮传动	ME.MD.MPD.20.01	齿轮传动的失效形式和设计准则
		ME.MD.MPD.20.02	齿轮材料及热处理
		ME.MD.MPD.20.03	圆柱齿轮传动的受力分析
		ME.MD.MPD.20.04	计算载荷和载荷系数
		ME.MD.MPD.20.05	直齿圆柱齿轮传动的强度计算
		ME.MD.MPD.20.06	斜齿圆柱和直齿锥齿轮传动的强度计算简介
		ME.MD.MPD.20.07	齿轮的结构设计和精度设计
		ME.MD.MPD.20.08	齿轮传动的润滑
ME.MD.MPD.21	蜗杆传动	ME.MD.MPD.21.01	蜗杆传动简介
		ME.MD.MPD.21.02	普通圆柱蜗杆传动的承载能力计算
		ME.MD.MPD.21.03	普通圆柱蜗杆传动的效率、润滑及热平衡计算
ME.MD.MPD.22	滑动轴承	ME.MD.MPD.22.01	滑动轴承的结构和材料
		ME.MD.MPD.22.02	滑动轴承的润滑
		ME.MD.MPD.22.03	不完全液体润滑滑动轴承设计计算
		ME.MD.MPD.22.04	液体动力润滑径向滑动轴承设计计算
		ME.MD.MPD.22.05	关节轴承简介

续表

知识单元		知识点	
编码	描述	编码	描述
ME.MD.MPD.22	滑动轴承	ME.MD.MPD.22.06	空气轴承及其他型式滑动轴承简介
ME.MD.MPD.23	滚动轴承	ME.MD.MPD.23.01	滚动轴承简介
		ME.MD.MPD.23.02	滚动轴承的主要类型及选用
		ME.MD.MPD.23.03	滚动轴承的载荷、失效形式和计算准则
		ME.MD.MPD.23.04	滚动轴承的校核计算
		ME.MD.MPD.23.05	滚动轴承的组合结构设计
		ME.MD.MPD.23.06	直线轴承简介
ME.MD.MPD.24	联轴器、离合器和制动器*	ME.MD.MPD.24.01	联轴器的工作原理、主要类型、结构特点和选用原则
		ME.MD.MPD.24.02	离合器的工作原理、主要类型、结构特点和选用原则
		ME.MD.MPD.24.03	制动器的工作原理、主要类型、结构特点和选用原则
ME.MD.MPD.25	轴	ME.MD.MPD.25.01	轴的类型、失效形式及设计要求
		ME.MD.MPD.25.02	轴的常用材料、结构设计应考虑的问题和提高轴强度的措施
		ME.MD.MPD.25.03	轴的受力分析和设计计算
		ME.MD.MPD.25.04	电主轴工作原理与关键技术
		ME.MD.MPD.25.05	智能化电主轴在数控机床上的应用
ME.MD.MPD.26	弹簧*	ME.MD.MPD.26.01	弹簧的功用和类型
		ME.MD.MPD.26.02	圆柱螺旋弹簧的结构、制造、材料及许用应力
		ME.MD.MPD.26.03	圆柱螺旋压缩、拉伸、扭转弹簧的设计计算
		ME.MD.MPD.26.04	其他类型弹簧简介
ME.MD.MPD.27	机座、箱体和导轨	ME.MD.MPD.27.01	机座和箱体的一般类型、材料及制造方法
		ME.MD.MPD.27.02	机座和箱体的截面形状及肋板布置
		ME.MD.MPD.27.03	导轨的主要分类及选型
		ME.MD.MPD.27.04	直线运动平台设计
ME.MD.MPD.28	减速器和变速器*	ME.MD.MPD.28.01	减速器
		ME.MD.MPD.28.02	变速器
		ME.MD.MPD.28.03	摩擦轮传动简介

续表

知识单元		知识点	
编码	描述	编码	描述
ME.MD.MPD.29	机械系统总体方案设计	ME.MD.MPD.29.01	机械系统的功能及结构的组成
		ME.MD.MPD.29.02	机械系统原理方案和结构方案设计的基本原理与方法
		ME.MD.MPD.29.03	机械系统技术经济评价
ME.MD.MPD.30	机械系统的集成设计*	ME.MD.MPD.30.01	动力系统选择
		ME.MD.MPD.30.02	传动系统设计
		ME.MD.MPD.30.03	执行机构设计
		ME.MD.MPD.30.04	操控装置设计
		ME.MD.MPD.30.05	支承系统设计
ME.MD.MPD.31	尺寸极限与配合	ME.MD.MPD.31.01	基本概念和术语
		ME.MD.MPD.31.02	标准公差
		ME.MD.MPD.31.03	基本偏差和配合
ME.MD.MPD.32	形状和位置公差	ME.MD.MPD.32.01	形状公差
		ME.MD.MPD.32.02	位置公差
		ME.MD.MPD.32.03	公差原则
ME.MD.MPD.33	表面粗糙度	ME.MD.MPD.33.01	表面粗糙度的评定参数
		ME.MD.MPD.33.02	表面粗糙度的标注和选择
ME.MD.MPD.34	尺寸精度设计	ME.MD.MPD.34.01	零件结合的功能要求和公差等级与加工方法、制造成本的关系
		ME.MD.MPD.34.02	基准制、公差等级和配合(基本偏差)的选择与标注
ME.MD.MPD.35	形状和位置精度设计	ME.MD.MPD.35.01	零件功能对形状和位置精度的要求
		ME.MD.MPD.35.02	形位公差项目和基准的选择方法,形位公差值的规定和选择方法、标注方法
ME.MD.MPD.36	表面粗糙度设计	ME.MD.MPD.36.01	表面粗糙度对于机械零件功能的影响和与加工方法、制造成本的关系
		ME.MD.MPD.36.02	表面粗糙度的参数选择与标注
ME.MD.MPD.37	标准件、常用件的公差与配合	ME.MD.MPD.37.01	圆柱齿轮传动的公差
		ME.MD.MPD.37.02	滚动轴承的配合
		ME.MD.MPD.37.03	键连接的公差与配合
ME.MD.MPD.38	几何量测量	ME.MD.MPD.38.01	测量的基本概念
		ME.MD.MPD.38.02	量值统一与长度标准传递方法
		ME.MD.MPD.38.03	测量误差与数据处理

续表

知识单元		知识点	
编码	描述	编码	描述
ME.MD.MPD.38	几何量测量	ME.MD.MPD.38.04	尺寸检测：计量器具的选择与光滑极限量规的设计
		ME.MD.MPD.38.05	形状和位置误差检测：基本原理（检测规定）、典型形位误差项目的测量方法
		ME.MD.MPD.38.06	三坐标测量机简介
		ME.MD.MPD.38.07	激光非接触测量与视觉检测简介
ME.MD.MPD.39	尺寸链	ME.MD.MPD.39.01	基本概念
		ME.MD.MPD.39.02	尺寸链计算

表 4.12 现代设计理论与方法子知识领域的知识单元和知识点

知识单元		知识点	
编码	描述	编码	描述
ME.MD.MD.01	现代设计概论	ME.MD.MD.01.01	现代设计理论与方法简介
		ME.MD.MD.01.02	现代设计方法学的主要流派简介
ME.MD.MD.02	创新设计	ME.MD.MD.02.01	创新设计的基本思想和方法
		ME.MD.MD.02.02	创新设计的基本形式
		ME.MD.MD.02.03	TRIZ 理论简介
		ME.MD.MD.02.04	创新设计案例分析
ME.MD.MD.03	优化设计	ME.MD.MD.03.01	优化设计问题的数学模型
		ME.MD.MD.03.02	优化设计的数学基础
		ME.MD.MD.03.03	无约束问题的优化设计方法
		ME.MD.MD.03.04	约束问题的优化设计方法
		ME.MD.MD.03.05	机械优化设计的应用
ME.MD.MD.04	可靠性设计	ME.MD.MD.04.01	机械产品与系统的可靠性及其度量指标
		ME.MD.MD.04.02	可靠性设计中常用的概率分布
		ME.MD.MD.04.03	机械零件可靠性设计
		ME.MD.MD.04.04	机械产品不确定性设计
ME.MD.MD.05	绿色设计	ME.MD.MD.05.01	绿色设计的背景与概念
		ME.MD.MD.05.02	绿色设计的评价指标体系
		ME.MD.MD.05.03	可拆卸设计
		ME.MD.MD.05.04	回收设计
		ME.MD.MD.05.05	节能设计
ME.MD.MD.06	模块化设计	ME.MD.MD.06.01	模块化设计基础理论
		ME.MD.MD.06.02	变型设计
		ME.MD.MD.06.03	配置设计
		ME.MD.MD.06.04	产品族设计

续表

知识单元		知识点	
编码	描述	编码	描述
ME.MD.MD.07	全生命周期设计	ME.MD.MD.07.01	全生命周期设计的基本概念
		ME.MD.MD.07.02	面向制造的设计
		ME.MD.MD.07.03	面向装配的设计
		ME.MD.MD.07.04	面向检验的设计
		ME.MD.MD.07.05	面向维修的设计
ME.MD.MD.08	有限元法	ME.MD.MD.08.01	弹性力学的基本理论
		ME.MD.MD.08.02	弹性力学有限元法
		ME.MD.MD.08.03	有限元设计分析
		ME.MD.MD.08.04	有限元分析软件应用
ME.MD.MD.09	智能设计	ME.MD.MD.09.01	智能设计的基本概念和发展趋势
		ME.MD.MD.09.02	设计知识的智能获取与推送
		ME.MD.MD.09.03	设计方案的演绎和推理
		ME.MD.MD.09.04	产品设计方案协同求解
		ME.MD.MD.09.05	进化设计原理与方法
ME.MD.MD.10	其他设计方法简介	ME.MD.MD.10.01	反求工程设计
		ME.MD.MD.10.02	摩擦学设计
		ME.MD.MD.10.03	价值工程
		ME.MD.MD.10.04	人机工程
		ME.MD.MD.10.05	并行工程
		ME.MD.MD.10.06	动态设计

4.3.3 机械制造工程原理与技术

机械制造是利用机械设备、工具与技术，将原材料经加工、处理和装配后形成最终产品的过程，包括材料选配、毛坯制作、零件加工、检验、装配、调试、包装、提交运输等全过程。

制造是制造工业中产品设计、物料选择、生产计划、生产过程、质量保证、经营管理、市场销售和服务等一系列相关活动和工作的总称。制造是将人类科学理念物化的过程。

制造技术是按照人们所需的目的，运用知识和技能，利用客观物资工具，将原材料物化为人类所需产品的工程技术，是使原材料成为产品而使用的一系列技术的总称。制造技术在吸收和融入机械、材料、电子、信息、计算机、能源以及管理等方面的技术成果的过程中不断进步，实现优质、高效、低耗、清洁、灵活的生产过程，取得良好的社会经济效益。制造过程产品的设计、生产、使用、维修、报废、回收的全过程，被称为产品生命周期。

1. 基本要求

（1）掌握主要工程材料热加工成形的基本原理、工艺特点和相关装备知识，包括铸造成形、塑性成形、焊接成形等，能够正确选择热加工成形方法。

（2）掌握切削加工成形的基本原理、工艺特点、常用方法以及相关装备知识，能够正确选择毛坯、加工方法、切削刀具、切削工艺参数等。

（3）掌握常用机械制造装备的工作原理和设计方法，能够设计普通机床、刀具、夹具、量具等；掌握数控机床的工作原理，熟悉数控编程的标准、格式和方法。

（4）掌握机械制造加工工艺的基本理论，具备综合运用工艺知识进行零件结构工艺性分析和拟定典型机械零件的机械加工工艺规程和装配工艺规程的初步能力，能够合理选择加工设备、刀具、夹具、切削用量等。

（5）熟悉机械加工精度与加工质量的相关理论，了解加工精度与加工质量的控制策略，正确分析实际加工中产生误差的原因，提出消除和控制误差的措施。

（6）了解先进制造技术的内涵和原理，掌握典型先进制造技术的工作原理，如增材制造、工业机器人、精密超精密加工等；了解智能制造系统最新技术与发展趋势，掌握智能制造技术的基本概念、基本理论和相关技术。

2. 子知识领域的具体描述

机械制造工程原理与技术知识领域由机械制造基本理论和现代制造技术2个子知识领域构成，具体见表4.13。

表4.13 机械制造工程原理与技术知识领域包含的2个子知识领域及其对应的主要课程

编码	中英文名称	对应的主要课程
ME.MM.MMT	① 机械制造基本理论（Mechanical Manufacturing Theory）	材料成形技术基础、机械制造技术基础、制造装备和过程自动化技术
ME.MM.AMT	② 现代制造技术（Advanced Manufacturing Technology）	数控技术与数控加工编程、现代制造技术

机械制造工程原理与技术知识领域中2个子知识领域的知识单元和知识点见表4.14~表4.15，其中带*号作为扩展或选学知识点。

表4.14 机械制造基本理论子知识领域的知识单元和知识点

知识单元		知识点	
编码	描述	编码	描述
ME.MM.MMT.01	铸造成形	ME.MM.MMT.01.01	合金的铸造性能
		ME.MM.MMT.01.02	金属铸造成形理论
		ME.MM.MMT.01.03	砂型铸造
		ME.MM.MMT.01.04	铸造工艺设计
		ME.MM.MMT.01.05	特种铸造
		ME.MM.MMT.01.06	铸件结构工艺性
		ME.MM.MMT.01.07	铸造机械与压铸设备
		ME.MM.MMT.01.08	常用铸造金属材料
ME.MM.MMT.02	塑性成形	ME.MM.MMT.02.01	金属塑性成形理论
		ME.MM.MMT.02.02	锻造技术
		ME.MM.MMT.02.03	板料冲压技术
		ME.MM.MMT.02.04	其他塑性成形技术
		ME.MM.MMT.02.05	常用压力加工设备

续表

知识单元		知识点	
编码	描述	编码	描述
ME.MM.MMT.03	焊接成形	ME.MM.MMT.03.01	金属焊接成形理论
		ME.MM.MMT.03.02	金属的焊接性能
		ME.MM.MMT.03.03	焊接工艺
		ME.MM.MMT.03.04	焊接结构设计
		ME.MM.MMT.03.05	焊接机械与设备
ME.MM.MMT.04	非金属材料的成形	ME.MM.MMT.04.01	粉末冶金材料成形
		ME.MM.MMT.04.02	无机非金属材料成形
		ME.MM.MMT.04.03	常用复合材料成形
		ME.MM.MMT.04.04	常用工程塑料成形
		ME.MM.MMT.04.05	成形设备与模具
ME.MM.MMT.05	工程构件的失效分析	ME.MM.MMT.05.01	合理选材
		ME.MM.MMT.05.02	工艺合理性
		ME.MM.MMT.05.03	工件结构与材料性能的关系
ME.MM.MMT.06	制造装备的设计方法	ME.MM.MMT.06.01	制造装备的分类
		ME.MM.MMT.06.02	设计的方法与基本理论
		ME.MM.MMT.06.03	设计的评价
ME.MM.MMT.07	金属切削机床设计	ME.MM.MMT.07.01	机床总体设计
		ME.MM.MMT.07.02	主运动设计
		ME.MM.MMT.07.03	进给传动链设计
		ME.MM.MMT.07.04	主轴部件设计
		ME.MM.MMT.07.05	支承件与导轨设计
		ME.MM.MMT.07.06	刀库与换刀装置设计
ME.MM.MMT.08	常用金属切削机床	ME.MM.MMT.08.01	金属切削机床的型号编制
		ME.MM.MMT.08.02	机床运动分析
		ME.MM.MMT.08.03	车床
		ME.MM.MMT.08.04	齿轮滚齿机床
		ME.MM.MMT.08.05	齿轮插齿机床
		ME.MM.MMT.08.06	铣床
		ME.MM.MMT.08.07	钻床
		ME.MM.MMT.08.08	拉削机床*
		ME.MM.MMT.08.09	刨床
		ME.MM.MMT.08.10	镗床*
		ME.MM.MMT.08.11	组合机床*
		ME.MM.MMT.08.12	数控机床
ME.MM.MMT.09	磨削与磨床*	ME.MM.MMT.09.01	磨削原理
		ME.MM.MMT.09.02	砂轮
		ME.MM.MMT.09.03	磨床的类型与功用
		ME.MM.MMT.09.04	表面光整加工方法
		ME.MM.MMT.09.05	磨齿机床

续表

知识单元		知识点	
编码	描述	编码	描述
ME.MM.MMT.10	机械加工生产线	ME.MM.MMT.10.01	生产线工艺方案设计
		ME.MM.MMT.10.02	生产线专用机床的总体设计
		ME.MM.MMT.10.03	生产线的总体布局设计
ME.MM.MMT.11	机床夹具设计原理	ME.MM.MMT.11.01	工件装夹与夹具的概念
		ME.MM.MMT.11.02	工件的定位原理与应用
		ME.MM.MMT.11.03	定位方式与定位误差分析
		ME.MM.MMT.11.04	工件夹紧原理
		ME.MM.MMT.11.05	典型夹紧机构
		ME.MM.MMT.11.06	典型机床夹具设计要点
ME.MM.MMT.12	模具设计与制造*	ME.MM.MMT.12.01	模具结构特点和设计要点
		ME.MM.MMT.12.02	冲裁及冲裁模具
		ME.MM.MMT.12.03	弯曲模设计
		ME.MM.MMT.12.04	拉伸及拉伸模设计
		ME.MM.MMT.12.05	局部成型工艺及模具
		ME.MM.MMT.12.06	注射成型模具
		ME.MM.MMT.12.07	模具零件的制造工艺
ME.MM.MMT.13	专用量具设计*	ME.MM.MMT.13.01	专用量具设计基本要求
		ME.MM.MMT.13.02	垂直度精度量具设计
ME.MM.MMT.14	金属切削过程的基本概念与刀具	ME.MM.MMT.14.01	切削运动与切削用量
		ME.MM.MMT.14.02	刀具的参考系与刀具角度
		ME.MM.MMT.14.03	切削层参数与切削方式
		ME.MM.MMT.14.04	刀具材料及其性能
		ME.MM.MMT.14.05	车刀结构
		ME.MM.MMT.14.06	铣刀结构
		ME.MM.MMT.14.07	齿轮刀具结构
		ME.MM.MMT.14.08	成形刀具结构
		ME.MM.MMT.14.09	专用复合刀具
ME.MM.MMT.15	金属切削的基本原理与应用	ME.MM.MMT.15.01	切削变形
		ME.MM.MMT.15.02	切削力
		ME.MM.MMT.15.03	切削热与切削温度
		ME.MM.MMT.15.04	刀具磨损与耐用度
		ME.MM.MMT.15.05	刀具几何参数的选择
		ME.MM.MMT.15.06	工具材料的选择
		ME.MM.MMT.15.07	切削液的选择
		ME.MM.MMT.15.08	切削用量的选择
ME.MM.MMT.16	特种加工技术	ME.MM.MMT.16.01	特种加工的产生及发展
		ME.MM.MMT.16.02	特种加工对材料的可加工性和零件结构工艺性影响
		ME.MM.MMT.16.03	电火花加工基本原理与应用
		ME.MM.MMT.16.04	电火花线切割加工原理与应用

续表

知识单元		知识点	
编码	描述	编码	描述
ME.MM.MMT.16	特种加工技术	ME.MM.MMT.16.05	电化学加工原理
		ME.MM.MMT.16.06	高能束加工原理与应用*
		ME.MM.MMT.16.07	超声加工原理与应用*
ME.MM.MMT.17	金属切削刀具系统设计	ME.MM.MMT.17.01	自动化用刀具和辅具
		ME.MM.MMT.17.02	排屑自动化
		ME.MM.MMT.17.03	数控刀具与工具系统
ME.MM.MMT.18	机械加工工艺规程	ME.MM.MMT.18.01	机械加工工艺规程的概念
		ME.MM.MMT.18.02	零件加工工艺性分析
		ME.MM.MMT.18.03	定位基准的选择
		ME.MM.MMT.18.04	机床的选择
		ME.MM.MMT.18.05	加工方法的确定
		ME.MM.MMT.18.06	加工阶段的划分
		ME.MM.MMT.18.07	加工工序的组织
		ME.MM.MMT.18.08	加工路线的拟定
		ME.MM.MMT.18.09	加工余量及其影响因素
		ME.MM.MMT.18.10	加工尺寸链理论
		ME.MM.MMT.18.11	工序尺寸分析计算
		ME.MM.MMT.18.12	工艺过程经济性分析
		ME.MM.MMT.18.13	装配工艺规程设计
ME.MM.MMT.19	机械加工精度及其控制	ME.MM.MMT.19.01	加工精度的含义
		ME.MM.MMT.19.02	加工精度影响因素及控制
		ME.MM.MMT.19.03	原始误差与误差敏感方向
		ME.MM.MMT.19.04	工艺系统的几何误差
		ME.MM.MMT.19.05	工艺系统的受力变形
		ME.MM.MMT.19.06	工艺系统的热变形
		ME.MM.MMT.19.07	加工误差分布图分析法
		ME.MM.MMT.19.08	加工误差的统计分析
ME.MM.MMT.20	机械加工表面质量及其控制	ME.MM.MMT.20.01	机械加工表面质量的含义
		ME.MM.MMT.20.02	加工表面几何特征
		ME.MM.MMT.20.03	加工表面完整性
		ME.MM.MMT.20.04	表面质量影响因素及控制
		ME.MM.MMT.20.05	加工过程中振动及控制
ME.MM.MMT.21	机器的装配工艺技术基础	ME.MM.MMT.21.01	装配与装配精度的概念
		ME.MM.MMT.21.02	装配的组织形式
		ME.MM.MMT.21.03	装配工艺规程的制定
		ME.MM.MMT.21.04	装配尺寸链与概率解法
		ME.MM.MMT.21.05	装配精度的控制
		ME.MM.MMT.21.06	运用修配法解装配尺寸链
ME.MM.MMT.22	典型表面加工*	ME.MM.MMT.22.01	外圆表面加工
		ME.MM.MMT.22.02	孔加工

续表

知识单元		知识点	
编码	描述	编码	描述
ME.MM.MMT.22	典型表面加工*	ME.MM.MMT.22.03	平面加工
		ME.MM.MMT.22.04	螺纹加工
		ME.MM.MMT.22.05	成形表面加工
ME.MM.MMT.23	典型零件加工与装配*	ME.MM.MMT.23.01	齿轮加工
		ME.MM.MMT.23.02	轴承加工
		ME.MM.MMT.23.03	汽车、柴油机发动机加工
		ME.MM.MMT.23.04	汽车装配
		ME.MM.MMT.23.05	3C产品加工
		ME.MM.MMT.23.06	航空发动机加工
		ME.MM.MMT.23.07	航母、飞机装配和高铁装配

表4.15 现代制造技术子知识领域的知识单元和知识点

知识单元		知识点	
编码	描述	编码	描述
ME.MM.AMT.01	数控技术原理	ME.MM.AMT.01.01	数控技术的特点
		ME.MM.AMT.01.02	数控技术的分类
		ME.MM.AMT.01.03	数控技术的应用
		ME.MM.AMT.01.04	逐点比较法
		ME.MM.AMT.01.05	数字积分法
		ME.MM.AMT.01.06	数据采样插补
		ME.MM.AMT.01.07	刀具半径补偿
ME.MM.AMT.02	计算机数控系统	ME.MM.AMT.02.01	计算机数控系统的硬件结构
		ME.MM.AMT.02.02	计算机数控系统的软件结构
		ME.MM.AMT.02.03	计算机数控系统的接口电路
ME.MM.AMT.03	数控加工程序编制	ME.MM.AMT.03.01	数控编程基础知识
		ME.MM.AMT.03.02	数控编程中的数值计算
		ME.MM.AMT.03.03	编程指令系统介绍
		ME.MM.AMT.03.04	数控加工手工编程
ME.MM.AMT.04	数控机床机电系统	ME.MM.AMT.04.01	数控机床的位置检测装置
		ME.MM.AMT.04.02	数控机床的速度检测装置
		ME.MM.AMT.04.03	步进电动机伺服系统
		ME.MM.AMT.04.04	交流电动机伺服系统
		ME.MM.AMT.04.05	数控机床的主传动系统
		ME.MM.AMT.04.06	数控机床的进给系统
ME.MM.AMT.05	工业机器人	ME.MM.AMT.05.01	机器人基本概念
		ME.MM.AMT.05.02	机器人运动学
		ME.MM.AMT.05.03	机器人动力学
		ME.MM.AMT.05.04	机器人机械结构
		ME.MM.AMT.05.05	机器人控制技术

续表

知识单元		知识点	
编码	描述	编码	描述
ME.MM.AMT.05	工业机器人	ME.MM.AMT.05.06	智能机器人的控制和视觉技术
		ME.MM.AMT.05.07	轮式移动机器人AGV*
ME.MM.AMT.06	生产线物流输送	ME.MM.AMT.06.01	物流系统的总体设计
		ME.MM.AMT.06.02	单机机床上下料装置设计
		ME.MM.AMT.06.03	机床间工件传送装置设计
		ME.MM.AMT.06.04	柔性物流系统
		ME.MM.AMT.06.05	自动线输送系统
		ME.MM.AMT.06.06	自动换刀装置
ME.MM.AMT.07	自动装配	ME.MM.AMT.07.01	自动装配工艺过程分析
		ME.MM.AMT.07.02	自动装配机
		ME.MM.AMT.07.03	自动装配系统与自动装配线
ME.MM.AMT.08	制造自动化	ME.MM.AMT.08.01	制造自动化技术
		ME.MM.AMT.08.02	制造自动化设备
		ME.MM.AMT.08.03	制造自动化系统
		ME.MM.AMT.08.04	自动化仓库
ME.MM.AMT.09	增材制造	ME.MM.AMT.09.01	快速成形的原理和特点
		ME.MM.AMT.09.02	光敏树脂液相固化成形
		ME.MM.AMT.09.03	选择性激光粉末烧结成形
		ME.MM.AMT.09.04	薄片分层叠加成形
		ME.MM.AMT.09.05	熔丝堆积成形
ME.MM.AMT.10	激光加工	ME.MM.AMT.10.01	激光加工的原理和特点
		ME.MM.AMT.10.02	激光加工设备组成
		ME.MM.AMT.10.03	激光加工工艺及应用
ME.MM.AMT.11	精密超精密加工技术	ME.MM.AMT.11.01	精密加工技术概念
		ME.MM.AMT.11.02	高效加工技术与装备
		ME.MM.AMT.11.03	精密加工技术与装备
		ME.MM.AMT.11.04	超精密加工刀具
		ME.MM.AMT.11.05	超精密加工机床
		ME.MM.AMT.11.06	精密磨削与超精密磨削
		ME.MM.AMT.11.07	研磨和抛光
		ME.MM.AMT.11.08	微细加工技术
		ME.MM.AMT.11.09	超精密加工中的测量技术*
		ME.MM.AMT.11.10	在线检测与误差补偿技术*
ME.MM.AMT.12	表面工程技术*	ME.MM.AMT.12.01	表面改性技术
		ME.MM.AMT.12.02	表面覆层技术
		ME.MM.AMT.12.03	复合表面处理技术
ME.MM.AMT.13	纳米制造技术	ME.MM.AMT.13.01	纳米制造技术概述
		ME.MM.AMT.13.02	纳米级加工技术
		ME.MM.AMT.13.03	纳米级测量技术*
		ME.MM.AMT.13.04	极端制造技术*

续表

知识单元		知识点	
编码	描述	编码	描述
ME.MM.AMT.14	绿色低碳制造技术	ME.MM.AMT.14.01	绿色制造、低碳制造的基本概念
		ME.MM.AMT.14.02	全生命周期概念
		ME.MM.AMT.14.03	绿色设计与低碳设计
		ME.MM.AMT.14.04	清洁切削技术与装备*
		ME.MM.AMT.14.05	再制造技术
		ME.MM.AMT.14.06	清洁生产
ME.MM.AMT.15	先进生产制造模式	ME.MM.AMT.15.01	精益生产
		ME.MM.AMT.15.02	并行工程
		ME.MM.AMT.15.03	虚拟制造*
		ME.MM.AMT.15.04	网络制造
		ME.MM.AMT.15.05	敏捷制造*
		ME.MM.AMT.15.06	全球化制造*
		ME.MM.AMT.15.07	柔性制造系统
		ME.MM.AMT.15.08	计算机集成制造与系统
ME.MM.AMT.16	现代生产管理技术	ME.MM.AMT.16.01	现代生产管理概述
		ME.MM.AMT.16.02	生产管理信息系统
		ME.MM.AMT.16.03	物流系统与供应链管理
		ME.MM.AMT.16.04	全面质量管理
ME.MM.AMT.17	智能监控	ME.MM.AMT.17.01	切削智能数据库
		ME.MM.AMT.17.02	自动化加工的监控系统
		ME.MM.AMT.17.03	制造过程智能检测
		ME.MM.AMT.17.04	制造过程智能诊断
		ME.MM.AMT.17.05	制造过程智能控制与优化
ME.MM.AMT.18	智能制造系统	ME.MM.AMT.18.01	智能制造系统体系架构
		ME.MM.AMT.18.02	智能制造供应链管理
		ME.MM.AMT.18.03	智能制造调度控制
		ME.MM.AMT.18.04	智能服务

4.3.4 机械系统传动与控制

现代机械系统综合运用了控制技术、电子技术、计算机技术等多种技术,将计算机技术有效融合于机械的信息处理和控制功能中,构建高度集成化的机电一体化系统已成为现代机械的重要特征。

传感与测试技术围绕机械系统传动与控制过程中所涉及的状态信息检测、信号与数据分析处理、系统测试分析等内容,形成以传感检测、信号处理、数据分析等为核心的专业知识领域。

机电传动与控制将机械技术、微电子技术、信息技术、控制技术等内容在系统工程的基础上加以综合,将各种物理信息按照一定规律转化成便于处理和传输的数据信息,并将计算机技术融合到机械系统的控制当中,实现整个系统的自动化。

1. 基本要求

（1）掌握机械系统常用传感器的评价指标与选用准则，了解机械系统常用的信号处理与分析方法，能够根据机械系统传动与控制需要设计检测系统，并对检测数据进行分析。

（2）掌握机械系统传动相关理论、原理与方法，加深对系统特性的认识，完善系统设计与控制策略，以实现机械产品的快速开发。

（3）掌握机械系统控制的基础知识，能够进行系统的分析与综合，设计分析机、电、液传动与控制系统，微机原理及嵌入式系统或机电一体化系统。

（4）熟练运用控制理论、自动控制元器件、电动机及电力驱动等基础知识，掌握机电传动与控制系统的原理与应用，能够设计机电传动控制系统。

2. 子知识领域的具体描述

机械系统传动与控制知识领域由传感与测试技术、机电传动与控制 2 个子知识领域构成，具体见表 4.16。

表 4.16　机械系统传动与控制知识领域包含的 2 个子知识领域及其对应的主要课程

编　码	中英文名称	对应的主要课程
ME.TC.STT	① 传感与测试技术（Sensing and Testing Techniques）	测试技术
ME.TC.ETC	② 机电传动与控制（Electromechanical Transmission and Control）	控制工程基础、微机原理及应用、液压与气压传动、机电传动与控制、计算机控制技术

机械系统传动与控制知识领域中 2 个子知识领域的知识单元和知识点见表 4.17～表 4.18，其中带 * 号作为扩展或选学知识点。

表 4.17　传感与测试技术子知识领域的知识单元和知识点

知识单元		知识点	
编　码	描　述	编　码	描　述
ME.TC.STT.01	测试技术基本概念	ME.TC.STT.01.01	测试技术的内容及其重要性
		ME.TC.STT.01.02	测试过程及测试系统的一般组成和各部分的作用
		ME.TC.STT.01.03	测试技术的研究现状及其重要性
ME.TC.STT.02	检测装置的基本特性	ME.TC.STT.02.01	测试装置的基本要求
		ME.TC.STT.02.02	检测装置的静态特性
		ME.TC.STT.02.03	检测装置的动态特性
		ME.TC.STT.02.04	实现不失真测试的条件
ME.TC.STT.03	常用的传感器	ME.TC.STT.03.01	传感器的分类
		ME.TC.STT.03.02	机械式传感器
		ME.TC.STT.03.03	电阻式传感器
		ME.TC.STT.03.04	电感式传感器
		ME.TC.STT.03.05	电容式传感器

续表

知识单元		知识点	
编码	描述	编码	描述
ME.TC.STT.03	常用的传感器	ME.TC.STT.03.06	压电式传感器
		ME.TC.STT.03.07	半导体传感器
		ME.TC.STT.03.08	传感器的选用原则
ME.TC.STT.04	位移的测量	ME.TC.STT.04.01	常用位移传感器
		ME.TC.STT.04.02	位移测量的应用
ME.TC.STT.05	振动的测量	ME.TC.STT.05.01	振动的激励及常用的激振器
		ME.TC.STT.05.02	振动的测量方法及常用的测振传感器
ME.TC.STT.06	信号描述	ME.TC.STT.06.01	信号的分类
		ME.TC.STT.06.02	信号的时域描述
		ME.TC.STT.06.03	信号的频域描述
		ME.TC.STT.06.04	随机信号的描述
ME.TC.STT.07	滤波器	ME.TC.STT.07.01	滤波器基本原理与分类
		ME.TC.STT.07.02	低通、高通、带通、带阻滤波器
		ME.TC.STT.07.03	模拟滤波器设计与分析
		ME.TC.STT.07.04	数字滤波器设计与分析*
ME.TC.STT.08	信号调制	ME.TC.STT.08.01	信号的幅值调制
		ME.TC.STT.08.02	信号的频率调制
ME.TC.STT.09	连续信号的离散化与离散信号的连续化*	ME.TC.STT.09.01	连续时间信号的采样
		ME.TC.STT.09.02	离散时间信号的拟合
		ME.TC.STT.09.03	拟合的误差分析
ME.TC.STT.10	信号分析与处理*	ME.TC.STT.10.01	信号的相关性分析
		ME.TC.STT.10.02	周期信号的叠加与分解
		ME.TC.STT.10.03	信号的时域分析
		ME.TC.STT.10.04	信号的频域分析

表 4.18 机电传动与控制子知识领域的知识单元和知识点

知识单元		知识点	
编码	描述	编码	描述
ME.TC.ETC.01	微型计算机基础	ME.TC.ETC.01.01	微型计算机及系统组成
		ME.TC.ETC.01.02	计算机中的数制与编码
		ME.TC.ETC.01.03	算术运算和逻辑运算
		ME.TC.ETC.01.04	非数值数据的信息表示
ME.TC.ETC.02	微处理器	ME.TC.ETC.02.01	微处理器内部结构
		ME.TC.ETC.02.02	微处理器的主要引脚及功能
		ME.TC.ETC.02.03	系统总线与典型时序
		ME.TC.ETC.02.04	典型微处理器应用系统

续表

知识单元		知识点	
编码	描述	编码	描述
ME.TC.ETC.03	微处理器指令系统	ME.TC.ETC.03.01	指令格式
		ME.TC.ETC.03.02	寻址方式
		ME.TC.ETC.03.03	微处理器指令集
ME.TC.ETC.04	嵌入式系统	ME.TC.ETC.04.01	嵌入式系统硬件
		ME.TC.ETC.04.02	嵌入式系统软件
		ME.TC.ETC.04.03	嵌入式系统开发和应用
ME.TC.ETC.05	单片机的中断系统、定时/计数器和串行口	ME.TC.ETC.05.01	单片机基本知识
		ME.TC.ETC.05.02	单片机硬件内核
		ME.TC.ETC.05.03	单片机程序设计
		ME.TC.ETC.05.04	单片机的中断请求源
		ME.TC.ETC.05.05	单片机的定时/计数器
ME.TC.ETC.06	微处理器的外部资源扩展*	ME.TC.ETC.06.01	微处理器外部数据存储器的扩展
		ME.TC.ETC.06.02	微处理器外部I/O通道的扩展
ME.TC.ETC.07	控制系统的基本概念	ME.TC.ETC.07.01	控制理论发展历程
		ME.TC.ETC.07.02	自动控制系统的基本类型
		ME.TC.ETC.07.03	控制系统应满足的基本要求
		ME.TC.ETC.07.04	机械工程中的控制问题
ME.TC.ETC.08	控制系统模型	ME.TC.ETC.08.01	数学模型
		ME.TC.ETC.08.02	控制系统与PID算法
		ME.TC.ETC.08.03	运动控制系统模型
ME.TC.ETC.09	控制系统的数学建模	ME.TC.ETC.09.01	系统微分方程的建立
		ME.TC.ETC.09.02	传递函数的定义
		ME.TC.ETC.09.03	系统方块图及其传递函数
ME.TC.ETC.10	时间响应与误差分析	ME.TC.ETC.10.01	时间响应和典型输入信号
		ME.TC.ETC.10.02	一阶、二阶与高阶系统时间响应
		ME.TC.ETC.10.03	误差和稳态误差
		ME.TC.ETC.10.04	提高系统稳态精度的措施
ME.TC.ETC.11	系统的频域特性分析	ME.TC.ETC.11.01	频率响应的基本概念
		ME.TC.ETC.11.02	系统开环频率特性的极坐标图与对数坐标图
		ME.TC.ETC.11.03	最小和非最小相位系统
		ME.TC.ETC.11.04	系统开环频率特性的实验确定方法
		ME.TC.ETC.11.05	系统的闭环频率特性
ME.TC.ETC.12	系统的稳定性	ME.TC.ETC.12.01	稳定性概念及系统稳定的条件
		ME.TC.ETC.12.02	稳定性的时域/频域判据
		ME.TC.ETC.12.03	控制系统的相对稳定性
ME.TC.ETC.13	控制系统的综合与校正	ME.TC.ETC.13.01	基本控制规律PID参数整定
		ME.TC.ETC.13.02	串联、反馈与复合校正

续表

知识单元		知识点	
编码	描述	编码	描述
ME.TC.ETC.14	气压与液压传动基础知识	ME.TC.ETC.14.01	气体与液体的物理性质
		ME.TC.ETC.14.02	气体与液体状态方程
		ME.TC.ETC.14.03	气体与液体流动规律
ME.TC.ETC.15	气动装置、元件与基本回路	ME.TC.ETC.15.01	气源装置
		ME.TC.ETC.15.02	气动元件
		ME.TC.ETC.15.03	速度控制回路
		ME.TC.ETC.15.04	压力控制回路
		ME.TC.ETC.15.05	换向回路
ME.TC.ETC.16	液压系统组成	ME.TC.ETC.16.01	液压泵、液压马达、液压缸
		ME.TC.ETC.16.02	控制阀
		ME.TC.ETC.16.03	液压放大元件、液压动力元件
		ME.TC.ETC.16.04	电液伺服阀
		ME.TC.ETC.16.05	液压辅件
ME.TC.ETC.17	液压基本回路	ME.TC.ETC.17.01	速度、方向与压力控制回路
		ME.TC.ETC.17.02	多执行元件控制回路
		ME.TC.ETC.17.03	圆柱滑阀的结构型式及分类
ME.TC.ETC.18	机电传动控制概述	ME.TC.ETC.18.01	机电系统的组成
		ME.TC.ETC.18.02	机电传动控制的发展概况
ME.TC.ETC.19	机电传动系统的动力学基础	ME.TC.ETC.19.01	机电传动系统的运动方程式
		ME.TC.ETC.19.02	负载转矩和转动惯量的折算
		ME.TC.ETC.19.03	机电传动系统的负载特性
		ME.TC.ETC.19.04	机电传动系统稳定运行的条件
		ME.TC.ETC.19.05	机电传动系统过渡过程和动态特性
ME.TC.ETC.20	直流电动机的工作原理及特性	ME.TC.ETC.20.01	直流电动机的基本结构和工作原理
		ME.TC.ETC.20.02	直流电动机的额定参数和铭牌数据
		ME.TC.ETC.20.03	他励直流电动机的机械特性
		ME.TC.ETC.20.04	他励直流电动机的启动特性
		ME.TC.ETC.20.05	他励直流电动机的调速特性
		ME.TC.ETC.20.06	他励直流电动机的制动特性
ME.TC.ETC.21	交流电动机的工作原理及特性	ME.TC.ETC.21.01	三相异步电动机的结构和工作原理
		ME.TC.ETC.21.02	异步电动机的连接方式和额定参数
		ME.TC.ETC.21.03	三相异步电动机的转矩与机械特性
		ME.TC.ETC.21.04	三相异步电动机的启动特性
		ME.TC.ETC.21.05	三相异步电动机的调速方法与特性

续表

知识单元		知识点	
编码	描述	编码	描述
ME.TC.ETC.21	交流电动机的工作原理及特性	ME.TC.ETC.21.06	三相异步电动机的制动特性
		ME.TC.ETC.21.07	单相异步电动机
		ME.TC.ETC.21.08	同步电动机
ME.TC.ETC.22	控制电动机	ME.TC.ETC.22.01	步进电动机
		ME.TC.ETC.22.02	直流有刷伺服电动机
		ME.TC.ETC.22.03	直流无刷电动机
		ME.TC.ETC.22.04	交流伺服电动机
		ME.TC.ETC.22.05	旋转直驱力矩电动机
		ME.TC.ETC.22.06	直线电动机
ME.TC.ETC.23	直流传动控制系统	ME.TC.ETC.23.01	直流调速系统的功能概述
		ME.TC.ETC.23.02	直流调速系统的主要性能指标
		ME.TC.ETC.23.03	单闭环直流调速系统的组成和静态特性分析
		ME.TC.ETC.23.04	闭环直流调速系统的动态分析和调节器设计
		ME.TC.ETC.23.05	基于晶闸管的大功率直流电动机调速装置及应用
		ME.TC.ETC.23.06	直流脉宽调制调速系统
ME.TC.ETC.24	交流传动控制系统	ME.TC.ETC.24.01	交流调速方法和装置概述
		ME.TC.ETC.24.02	基于交-直-交变频器的三相异步电动机调速方法
		ME.TC.ETC.24.03	交-直-交变频器的结构原理
		ME.TC.ETC.24.04	交-直-交变频器的选型和应用
		ME.TC.ETC.24.05	交-交变频器与同步电动机调速系统
ME.TC.ETC.25	步进和伺服驱动系统	ME.TC.ETC.25.01	步进电动机驱动控制和脉冲式定位控制
		ME.TC.ETC.25.02	交流伺服驱动系统
ME.TC.ETC.26	计算机控制的基本概念	ME.TC.ETC.26.01	计算机控制的历史及发展
		ME.TC.ETC.26.02	基本工作原理
		ME.TC.ETC.26.03	在线工作方式和离线工作方式
		ME.TC.ETC.26.04	计算机控制系统的主要组成
ME.TC.ETC.27	计算机控制系统的组成	ME.TC.ETC.27.01	通用工业控制微型计算机系统
		ME.TC.ETC.27.02	总线/中断/DMA计数/定时器
		ME.TC.ETC.27.03	数字量输入输出与接口技术
		ME.TC.ETC.27.04	模拟量输入与A/D、输出与D/A接口技术
ME.TC.ETC.28	数字程序控制技术	ME.TC.ETC.28.01	数字程序控制的基本原理
		ME.TC.ETC.28.02	逐点比较法直线/圆弧插补原理

续表

知识单元		知识点	
编码	描述	编码	描述
ME.TC.ETC.28	数字程序控制技术	ME.TC.ETC.28.03	步进电动机控制原理及控制接口技术
		ME.TC.ETC.28.04	数字控制器的连续化设计步骤
ME.TC.ETC.29	数字控制器的连续化设计技术	ME.TC.ETC.29.01	数字PID控制的设计与改进
		ME.TC.ETC.29.02	数字PID控制器的参数整定
		ME.TC.ETC.29.03	数字控制器的离散化设计步骤
ME.TC.ETC.30	应用程序设计与实现技术	ME.TC.ETC.30.01	数据结构及其应用
		ME.TC.ETC.30.02	结构化模块化程序设计过程
		ME.TC.ETC.30.03	数字控制器的工程实现*
		ME.TC.ETC.30.04	抗干扰技术系统设计原则及步骤

4.3.5 制造赋能技术

制造业随着科技的进步而不断发展：从20世纪中叶到90年代中期，以数字计算、感知、通信和控制为主要特征的信息化技术催生了数字化制造；从20世纪90年代中期开始，以互联网的大规模普及应用为主要特征的信息化技术催生了数字化、网络化制造；当前，工业互联网、大数据及人工智能实现群体突破和融合应用，以新一代人工智能技术为主要特征的信息化技术催生了制造业数字化、网络化、智能化制造的新阶段。

智能制造技术是第四次工业革命的核心技术，引领和推动制造业革命性的转型升级，引发制造业发展理念、制造模式发生重大而深刻的变革，重塑制造业的技术体系、生产模式、发展要素及价值链，推动中国制造业获得竞争新优势，推动全球制造业发展步入新阶段，实现社会生产力的整体跃升。

智能制造是一个大系统，主要由智能产品、智能生产及智能服务三大功能系统，以及工业互联网络和智能制造云平台两大支撑系统集合而成，如图4.1所示。

与传统制造系统相比，智能制造系统最本质的变化就是在人（human）和物理系统（physical system）之间增加了信息系统（cyber system），从原来的"人-物理"二元系统发展成为"人-信息-物理"（human-cyber-physical system，HCPS）三元系统，如图4.2所示。

智能制造是为了实现一个或多个制造价值创造目标，由相关的人、拥有"人工智能"的信息系统，以及物理系统有机组成的综合智能系统。其中，物理系统是主体，是制造活动能量流与物质流的执行者，是制造活动的完成者；拥有人工智能的信息系统是主导，是制造活动信息流的核心，帮助人对物理系统进行必要的感知、认知、分析决策与控制，使物理系统以尽可能最优的方式运行；人是主宰，一方面，人是物理系统和信息系统的创造者，即使信息系统拥有强大的"智能"，这种"智能"也是人赋予的，所解决的问题、目标和方法等都是由人掌控的，另一方面，人是物理系统和信息系统的使用者和管理者，系统的最高决策和操控都必须由人牢牢把握。从根本上说，无论物理系统还是信息系统都是为人类服务的。

智能制造对于数字化、网络化、智能化技术而言，是先进信息技术的推广应用工程，对于

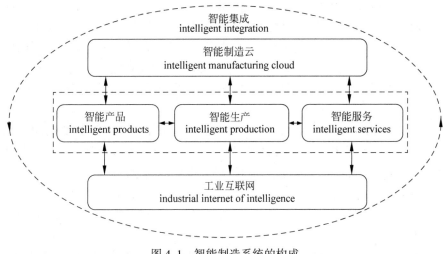

图 4.1 智能制造系统的构成

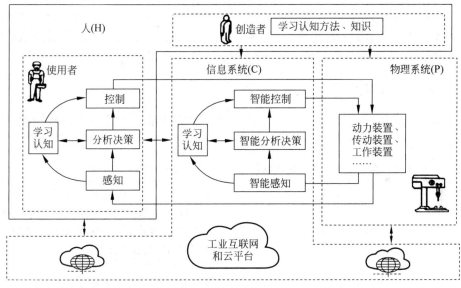

图 4.2 基于人-信息-物理系统(HCPS)的智能制造

各种类制造系统而言,是应用数字化、网络化、智能化技术等共性赋能技术对制造系统进行革命性的技术融合和系统集成式的创新工程。

1. 基本要求

(1) 掌握计算机应用的基础知识和基本原理、数据库的原理、数据结构与算法,并至少会用一种高级语言进行程序设计。

(2) 掌握计算机辅助设计(CAD)基本理论知识,能使用一种 CAD 工具进行 3D 建模;掌握计算机辅助工程(CAE)的基本原理和方法,能使用一种 CAE 工具进行工程分析;掌握计算机辅助工艺设计(CAPP)的基本概念、原理和方法,能在虚拟环境中对机械加工、工装设计、生产布局、装配、检测等工艺过程设计规划及仿真;掌握计算机辅助制造(CAM)的基本原理与方法；了解 CAD/CAE/CAM 集成技术。

（3）了解生产数字孪生的基本概念及包含的内容，掌握实现生产数字孪生的方法与工具，能够构建面向数字孪生的工艺仿真、生产调度与过程控制等；了解全生命周期数字孪生赋能技术，掌握简单的全生命周期数据采集与管理，数字主线功能与原理；从全生命周期角度理解数字孪生在产品、生产、运营过程中的作用，熟悉产品与设备的运维管理过程、技术与应用。

（4）了解计算机网络的层次结构，掌握各层的常见协议原理；了解物联网的基本概念与组成；了解 CPS 的基本概念与组成，能够分析、设计简单的车间网络；了解工业网络安全的基本理论、基本知识和基本技能，能够分析、设计简单的安全网络。

（5）了解云计算的基本概念与系统构成，了解工业云平台的系统构成与作用，了解边缘计算概念、边缘计算框架、边缘数据汇聚和存储管理、边缘协同，以及边缘计算在机械制造业中的应用案例。

（6）掌握机器学习的基本理论与分类，掌握机器学习/深度学习建模、训练与评估方法，以及常见的机器学习/深度学习库，了解深度学习在计算机视觉/自然语言处理领域的典型应用，了解机器视觉的系统构成与工作流程，掌握基本的机器视觉算法，并能够实际应用。

（7）掌握工业大数据的基本概念，了解大数据的采集、预处理、存储、分析的基本原理、方法与系统，了解大数据的应用场景，了解主流的大数据体系架构。

2. 子知识领域的具体描述

制造赋能技术由数字化技术、网络化技术和智能化技术 3 个子知识领域构成，具体见表 4.19。

表 4.19　制造赋能技术知识领域包含的 3 个子知识领域及其对应的主要课程

编　码	中英文名称	对应的主要课程
ME.MET.DT	① 数字化技术（Digital Technology）	大学计算机基础、数据库原理与应用、高级语言程序设计、现代设计方法、计算机辅助制造与工艺、数字孪生技术及应用
ME.MET.NT	② 网络化技术（Network Technology）	网络通信与安全、物联网与云计算
ME.MET.IT	③ 智能化技术（Intelligent Technology）	人工智能技术、工业大数据技术及应用

制造赋能技术知识领域中 3 个子知识领域的知识单元和知识点见表 4.20～表 4.22，其中带 * 号作为扩展或选学知识点。

表 4.20　数字化技术子知识领域的知识单元和知识点

知识单元		知识点	
编　码	描　述	编　码	描　述
ME.MET.DT.01	计算机软硬件基础	ME.MET.DT.01.01	计算机基础知识
		ME.MET.DT.01.02	计算机硬件的基本知识
		ME.MET.DT.01.03	计算机软件的基本知识
		ME.MET.DT.01.04	计算思维与算法基础

续表

知识单元		知识点	
编码	描述	编码	描述
ME.MET.DT.02	计算机网络基础	ME.MET.DT.02.01	计算机网络基础
		ME.MET.DT.02.02	数据通信基础
		ME.MET.DT.02.03	网络体系结构
		ME.MET.DT.02.04	传输网技术
ME.MET.DT.03	局域网组网	ME.MET.DT.03.01	局域网组网技术
		ME.MET.DT.03.02	Internet 技术及应用
ME.MET.DT.04	网络设计开发	ME.MET.DT.04.01	网络操作系统与服务器配置
		ME.MET.DT.04.02	网络设计开发技术
ME.MET.DT.05	网络安全	ME.MET.DT.05.01	网络安全技术
ME.MET.DT.06	计算机数据库基础	ME.MET.DT.06.01	数据库概念
		ME.MET.DT.06.02	数据库系统
ME.MET.DT.07	关系数据库技术	ME.MET.DT.07.01	关系数据库
		ME.MET.DT.07.02	关系数据库标准语言
		ME.MET.DT.07.03	关系系统与关系数据理论
ME.MET.DT.08	数据库设计	ME.MET.DT.08.01	数据库设计
		ME.MET.DT.08.02	数据库恢复、并发、安全和完整性控制
ME.MET.DT.09	计算机程序设计基础	ME.MET.DT.09.01	程序设计基础知识
		ME.MET.DT.09.02	流程设计及其典型应用
ME.MET.DT.10	计算机数据类型及函数	ME.MET.DT.10.01	数组和指针
		ME.MET.DT.10.02	函数
ME.MET.DT.11	C++程序设计	ME.MET.DT.11.01	C++基础知识
		ME.MET.DT.11.02	面向对象的程序设计
ME.MET.DT.12	Python 程序设计	ME.MET.DT.12.01	Python 基础知识
		ME.MET.DT.12.02	Python 语言专有知识
		ME.MET.DT.12.03	Python 程序设计
ME.MET.DT.13	计算机辅助设计(CAD)	ME.MET.DT.13.01	CAD 基本概念
		ME.MET.DT.13.02	CAD 软硬件环境
		ME.MET.DT.13.03	计算机辅助图形处理技术
		ME.MET.DT.13.04	曲线、曲面的表示与处理
		ME.MET.DT.13.05	三维几何建模
		ME.MET.DT.13.06	典型 CAD 软件应用
ME.MET.DT.14	计算机辅助工艺(CAPP)	ME.MET.DT.14.01	CAPP 系统原理
		ME.MET.DT.14.02	CAPP 专家系统
		ME.MET.DT.14.03	计算机辅助装配工艺
ME.MET.DT.15	计算机辅助制造(CAM)	ME.MET.DT.15.01	数控自动编程原理
		ME.MET.DT.15.02	图形交互自动编程的原理、功能和步骤
		ME.MET.DT.15.03	数控加工程序的生成与加工过程仿真
		ME.MET.DT.15.04	典型 CAM 软件应用

续表

知识单元		知识点	
编码	描述	编码	描述
ME.MET.DT.15	计算机辅助制造(CAM)	ME.MET.DT.15.05	集成产品数据模型与产品数据交换标准
ME.MET.DT.16	计算机辅助工程(CAE)	ME.MET.DT.16.01	CAE概念及内容
		ME.MET.DT.16.02	CAE分析过程
		ME.MET.DT.16.03	常用CAE软件介绍
		ME.MET.DT.16.04	CAE建模
		ME.MET.DT.16.05	求解及后处理
		ME.MET.DT.16.06	综合案例分析
ME.MET.DT.17	数字孪生	ME.MET.DT.17.01	数字孪生模型构建
		ME.MET.DT.17.02	数字孪生虚实同步
		ME.MET.DT.17.03	数字孪生模型更新/管理
		ME.MET.DT.17.04	孪生数据存储与管理技术
		ME.MET.DT.17.05	孪生数据分析与挖掘
		ME.MET.DT.17.06	数字孪生系统管控
		ME.MET.DT.17.07	数字孪生功能服务化
		ME.MET.DT.17.08	数字孪生应用案例

表4.21 网络化技术子知识领域的知识单元和知识点

知识单元		知识点	
编码	描述	编码	描述
ME.MET.NT.01	工业网络架构概述	ME.MET.NT.01.01	工业网络协议层次架构
		ME.MET.NT.01.02	现场总线与实时以太网技术发展
		ME.MET.NT.01.03	工业网络的端边云协同
		ME.MET.NT.01.04	工业物联网技术发展
		ME.MET.NT.01.05	工厂内网络和IT/OT融合
		ME.MET.NT.01.06	工业网络安全
ME.MET.NT.02	现场总线和工业以太网	ME.MET.NT.02.01	现场总线物理层和链路层协议原理
		ME.MET.NT.02.02	典型现场总线：CAN总线
		ME.MET.NT.02.03	典型现场总线：Profibus
		ME.MET.NT.02.04	典型现场总线：Modbus
		ME.MET.NT.02.05	典型现场总线：IO-LINK
		ME.MET.NT.02.06	实时以太网实现机制
		ME.MET.NT.02.07	典型实时以太网：Profinet
		ME.MET.NT.02.08	典型实时以太网：EtherCAT
ME.MET.NT.03	网络化控制系统	ME.MET.NT.03.01	网络化控制系统三层架构
		ME.MET.NT.03.02	PLC的网络化I/O扩展
		ME.MET.NT.03.03	网络化运动控制
		ME.MET.NT.03.04	PLC/HMI/SCADA的网络通信
		ME.MET.NT.03.05	网络应用行规

续表

知识单元		知识点	
编码	描述	编码	描述
ME.MET.NT.03	网络化控制系统	ME.MET.NT.03.06	控制器横向通信网络
		ME.MET.NT.03.07	车间级骨干网络
		ME.MET.NT.03.08	PLC 网络配置实例
ME.MET.NT.04	新型工业网络	ME.MET.NT.04.01	时间敏感网络
		ME.MET.NT.04.02	5G 网络的工业应用
		ME.MET.NT.04.03	工业光网络和工业光总线
		ME.MET.NT.04.04	工业 Wi-Fi
		ME.MET.NT.04.05	基于 IP 的确定性广域网络
ME.MET.NT.05	IT/OT 网络融合	ME.MET.NT.05.01	IT/OT 网络流量及 QoS
		ME.MET.NT.05.02	基于信息模型的网络融合
		ME.MET.NT.05.03	OPC UA 协议
		ME.MET.NT.05.04	软件定义的工业网络配置
		ME.MET.NT.05.05	基于 OPC UA 和 TSN 的 IT/OT 网络融合
		ME.MET.NT.05.06	机床联网协议：MT-Connetct、NC-Link
ME.MET.NT.06	物联网协议和设备上云	ME.MET.NT.06.01	物联网(IoT)概述
		ME.MET.NT.06.02	MQTT 协议及应用
		ME.MET.NT.06.03	公有云的 IoT 架构
		ME.MET.NT.06.04	基于 IoT 的设备数据采集
		ME.MET.NT.06.05	边缘计算平台的物联网接口
ME.MET.NT.07	工业网络安全	ME.MET.NT.07.01	工业网络的信息安全概述
		ME.MET.NT.07.02	常见工业网络安全风险
		ME.MET.NT.07.03	工业网络安全框架
		ME.MET.NT.07.04	OPC UA 的安全机制
		ME.MET.NT.07.05	MQTT 的安全机制
		ME.MET.NT.07.06	企业可信网络架构
		ME.MET.NT.07.07	设备上云的安全机制
		ME.MET.NT.07.08	基于工业网络的功能安全
ME.MET.NT.08	云制造概念及工业互联网平台架构	ME.MET.NT.08.01	云计算与云制造概述
		ME.MET.NT.08.02	工业互联网平台概述
		ME.MET.NT.08.03	工业互联网应用案例
ME.MET.NT.09	物联网云平台	ME.MET.NT.09.01	IaaS/PaaS/SaaS 架构简介
		ME.MET.NT.09.02	基于云平台的工业大数据处理架构
		ME.MET.NT.09.03	面向服务架构和 Web Service
ME.MET.NT.10	PaaS 平台配置与管理	ME.MET.NT.10.01	通用 PaaS 平台资源部署
		ME.MET.NT.10.02	工业大数据系统
		ME.MET.NT.10.03	工业数据建模和分析
		ME.MET.NT.10.04	工业微服务组件
		ME.MET.NT.10.05	工业应用开发支持框架

续表

知识单元		知识点	
编码	描述	编码	描述
ME. MET. NT. 11	CPS架构和总线	ME. MET. NT. 11.01	CPS架构
		ME. MET. NT. 11.02	基于CPS的虚实映射机制
		ME. MET. NT. 11.03	CPS总线和分布式应用
		ME. MET. NT. 11.04	CPS在云平台上的部署
ME. MET. NT. 12	标识解析与数据字典	ME. MET. NT. 12.01	工业元数据和标识
		ME. MET. NT. 12.02	工业数据字典
		ME. MET. NT. 12.03	主流标识解析架构
		ME. MET. NT. 12.04	资产管理壳(AAS)的标识
		ME. MET. NT. 12.05	标识解析在产品全生命周期中的应用
ME. MET. NT. 13	云平台建设及安全	ME. MET. NT. 13.01	云平台安全机制
ME. MET. NT. 14	边缘计算框架	ME. MET. NT. 14.01	工业边缘计算定义和应用
		ME. MET. NT. 14.02	边缘计算与自动化系统的融合
		ME. MET. NT. 14.03	边缘计算与工业互联网平台的集成
		ME. MET. NT. 14.04	边缘计算硬件和软件架构
ME. MET. NT. 15	边缘数据汇聚和存储管理	ME. MET. NT. 15.01	边缘计算平台的数据采集
		ME. MET. NT. 15.02	边缘计算平台的数据汇聚
		ME. MET. NT. 15.03	边缘计算平台的数据清洗
		ME. MET. NT. 15.04	边缘计算平台的数据存储
		ME. MET. NT. 16.01	边缘计算的微服务通信
		ME. MET. NT. 16.02	实时消息队列原理与应用
		ME. MET. NT. 16.03	边缘计算组件数据的发布/订阅通信机制
		ME. MET. NT. 16.04	MQTT和OPC UA在边缘计算中的应用
ME. MET. NT. 17	边云协同	ME. MET. NT. 17.01	边云协同架构与应用
		ME. MET. NT. 17.02	基于云平台的边缘节点管理
		ME. MET. NT. 17.03	基于边云协同的工业AI
		ME. MET. NT. 17.04	KubeEdge的边云协同实现
ME. MET. NT. 18	工业云计算技术应用	ME. MET. NT. 18.01	工业云计算技术应用

表4.22 智能化技术子知识领域的知识单元和知识点

知识单元		知识点	
编码	描述	编码	描述
ME. MET. IT. 01	人工智能中的基础算法	ME. MET. IT. 01.01	优化算法
		ME. MET. IT. 01.02	搜索算法
ME. MET. IT. 02	机器学习	ME. MET. IT. 02.01	机器学习方法的分类
		ME. MET. IT. 02.02	广义线性回归模型
		ME. MET. IT. 02.03	支持向量机模型

续表

知识单元		知识点	
编码	描述	编码	描述
ME.MET.IT.02	机器学习	ME.MET.IT.02.04	决策树与随机森林模型
		ME.MET.IT.02.05	K均值聚类模型
		ME.MET.IT.02.06	神经网络与深度学习模型
		ME.MET.IT.02.07	机器学习模型开发流程
ME.MET.IT.03	智能感知	ME.MET.IT.03.01	智能传感器
		ME.MET.IT.03.02	机器视觉
		ME.MET.IT.03.03	多传感器融合
ME.MET.IT.04	智能决策与控制	ME.MET.IT.04.01	马尔可夫决策过程
		ME.MET.IT.04.02	强化学习
		ME.MET.IT.04.03	多智能体系统
		ME.MET.IT.04.04	博弈论
		ME.MET.IT.04.05	人机协同决策与控制
ME.MET.IT.05	人工智能工业应用	ME.MET.IT.05.01	机器学习工业应用
		ME.MET.IT.05.02	机器感知工业应用
ME.MET.IT.06	智慧工厂*	ME.MET.IT.06.01	智慧工厂基本特征
		ME.MET.IT.06.02	智慧工厂的设备配置
		ME.MET.IT.06.03	信息流与仓储管理智慧化
ME.MET.IT.07	工业数据分析流程	ME.MET.IT.07.01	工业大数据的特点和分析处理流程
		ME.MET.IT.07.02	面向数字孪生的元数据管理
		ME.MET.IT.07.03	数据驱动的智能制造场景
ME.MET.IT.08	数据计算与处理	ME.MET.IT.08.01	大数据处理架构
		ME.MET.IT.08.02	Hadoop开源大数据处理组件
		ME.MET.IT.08.03	流式实时数据处理架构
		ME.MET.IT.08.04	Kafka组件实现原理
		ME.MET.IT.08.05	云化多模数据库与数据存储
ME.MET.IT.09	数据分析与挖掘	ME.MET.IT.09.01	数据挖掘
		ME.MET.IT.09.02	基于SQL和Flink的数据分析
		ME.MET.IT.09.03	面向工业AI的数据标注、模型训练和部署
		ME.MET.IT.09.04	区块链与数据保护
ME.MET.IT.10	数据可视化呈现	ME.MET.IT.10.01	基于Web的数据可视化
		ME.MET.IT.10.02	HTML5技术
		ME.MET.IT.10.03	基于信息模型的数据集成与可视化
		ME.MET.IT.10.04	数据可视化组件与应用开发
ME.MET.IT.11	工业大数据技术应用	ME.MET.IT.11.01	企业信息化数据应用
		ME.MET.IT.11.02	工业物联网数据应用
		ME.MET.IT.11.03	外界跨界数据应用

第 5 章　课程体系与教学计划

机械工程教育知识体系给出了专业知识框架,但这些知识要通过课程设置来落实。因此,明确了知识体系后,就要构建相应的课程体系。本章描述了课程设置与实施原则,并给出了一些推荐课程,供机械工程等相近专业制订培养方案和开发课程参考。

5.1　课程建设的指导原则

(1) 按一定的教学目标设计课程。
(2) 兼顾知识的覆盖面与创新意识的培养。
(3) 有利于帮助学生养成系统观与工程观。
(4) 有利于培养学生具备解决复杂工程问题的能力。
(5) 有利于系列课程建设与整体优化。

5.2　课程体系结构

机械工程本科课程体系可以根据各校的具体教学目标而设计,这里举例说明,如图 5.1～图 5.3 所示。

图 5.1 所示为清华大学机械工程专业的课程体系,彰显了"厚基础、宽口径、重实践、强素质"的培养理念。课程体系包括数理学科基础,电子、信息等交叉学科的相关课程,专业方向前沿的导引课程。专业核心课程按照工程图学、机械设计、成形制造、机械加工、测试及控制的逻辑顺次展开,在设计、制造、测试及控制在各学科方向设置了认知实习和综合实践环节,构成了完备的实践体系。

图 5.2 所示为上海交通大学机械工程专业的课程体系,该专业秉承"起点高、基础厚、要求严、重实践、求创新"的办学传统,课程设置体现了当代科学技术发展中学科交叉的鲜明特点,建立了设计与制造系列课程,基于项目式教学实现了知识传授、能力培养及素质提升的有效融合,培养数理基础扎实,专业知识宽厚,创新能力强,具有社会责任感和国际视野的创新型人才。

图 5.3 所示为华中科技大学机械设计制造及其自动化专业的课程体系,包括素质教育通识、学科(专业)概论、学科基础和专业课程四个部分,课程遵循"数学—力学—热学—电学—设计—制造—控制"逻辑设置,专业课程按基础、传统、现代分别设置"机械设计理论与方法(一)、(二)、(三)""智能制造装备与工艺(一)、(二)、(三)""智能控制与检测(一)、(二)、(三)"等 9 门核心课,同时开设人工智能、大数据、物联网、云制造、数字孪生等制造赋能选修课程。

第 5 章 课程体系与教学计划

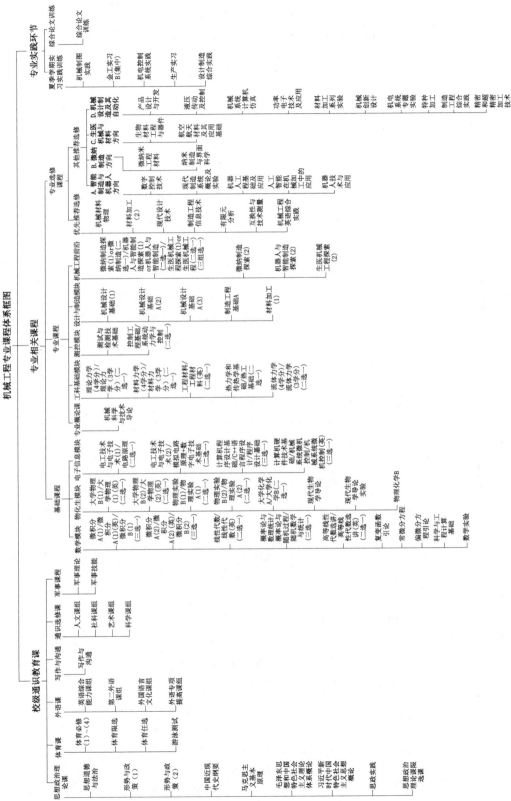

图 5.1 机械工程专业本科生课程体系举例(清华大学供稿)

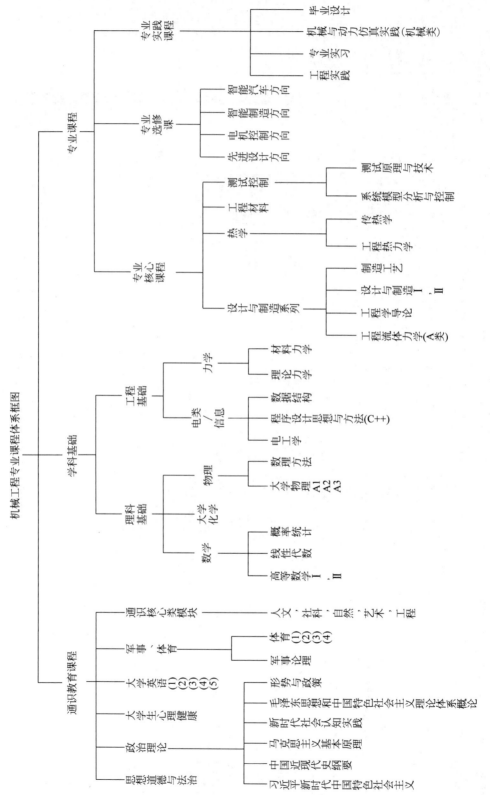

图 5.2 机械工程专业本科生课程体系举例(上海交通大学供稿)

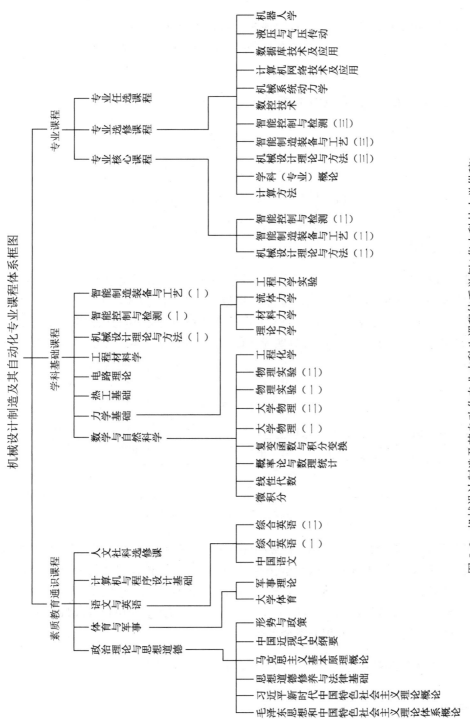

图 5.3 机械设计制造及其自动化专业本科生课程体系举例(华中科技大学供稿)

5.3 推荐课程描述

本书对机械工程学科内一些主要的推荐课程进行详细描述,以供制订专业教学计划时参考使用。这些课程的安排可以具有相当的灵活性,各院校可以直接使用,也可以重新设计以符合本身的需要。

5.3.1 工程基础知识领域中的相关课程

5.3.1.1 概述

工程基础知识领域是工程类专业本科生科学与工程衔接的桥梁,建议各校围绕本校办学定位和培养目标,结合学校特色设置有关课程,合理分配课程和实践环节的学时,强调理论与实践的融会贯通,教学过程应注重第一性原理和批判性思维能力的培养。

5.3.1.2 推荐课程方案

按照科学到工程的认知规律,有效衔接高等数学、大学物理、大学化学等科学课程,将工程基础知识领域的知识单元组合为"工程材料""理论力学""材料力学""工程热力学""流体力学""传热学""电工电子学""系统工程学"8门基本课程,并将其作为该知识领域的推荐课程。这8门课程大多属于并列关系,部分课程具有一定的内在认知关系,如图5.4所示。

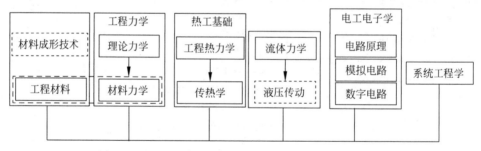

图5.4 工程基础知识领域8门基本课程的内在认知关系

各校在组合知识单元时,不必拘泥于该8门课程的知识单元组合方式,可结合专业教学改革与系列课程建设工作,形成其他课程组合方案,如可将"工程材料"与"材料成形技术"、"材料力学"与"理论力学"、"工程热力学"与"传热学"、"流体力学"与"液压传动"进行有机整合,如图5.4中的虚线框所示,重点以工程问题为导向,加强上述课程各板块的理论在工程问题的应用,达到多门课程知识的融会贯通。

5.3.1.3 推荐课程描述

1. 工程材料

1) 课程目标

(1) 掌握工程材料科学的基本概念、现象和基本规律,掌握材料的成分、内部组织结构、生产工艺与性能之间的影响关系,能够制订工程材料制备基本方法和开展工程材料分析观察实验。

(2)能够针对机械加工中不同用途零件的性能要求,合理选择材料并能够综合考虑成本、节省材料等因素设计材料的加工工艺过程,控制材料的成分和组织结构。

(3)能够在材料选择、生产加工、使用及回收处理过程中考虑环境和社会可持续发展因素。

2)先修课程

大学物理、工程化学。

3)建议学时和知识单元

本课程建议讲授28~32学时,实验12~16学时,总学时为40~48学时。本课程建议的知识单元和学时安排见表5.1。

表5.1 "工程材料"课程知识单元和学时安排建议

知识单元(编码)	讲授学时	实验学时
材料概述(ME.EF.MS.01)	2	
材料性能(ME.EF.MS.02)	2	2
材料结构(ME.EF.MS.03)	2	2
材料的凝固与结晶(ME.EF.MS.04)	4~6	2
材料的变形(ME.EF.MS.05)	4	0~2
钢的热处理(ME.EF.MS.06)	4	2~4
合金钢(ME.EF.MS.07)	4	2
铸铁(ME.EF.MS.08)	2	
有色金属及其合金(ME.EF.MS.09)	2	2
常用非金属材料(ME.EF.MS.10)	0~2	
工程材料的选用(ME.EF.MS.11)	2	

4)教学组织与要求

(1)围绕机械零件服役环境和性能要求,以机械工程材料的正确合理选材与合适工艺设计为目标,以材料的成分、加工工艺、组织结构与性能表现之间的映射关系为主线,突出工程材料基本知识及应用规律,加强解决材料领域工程问题的综合能力。

(2)为适应前沿新材料的快速发展,除常用工程材料外,建议在教学主线不变的前提下加强新材料的基本知识与应用规律的引入。

(3)为强化学生灵活运用已学知识、培养工程材料分析问题和解决问题的能力,建议要求学生完成1~2项工程应用失效案例分析项目。

(4)建议在教学中适当引入材料技术标准、材料产业政策等方面知识的学习,强化材料对环境和社会可持续发展的影响。

(5)实验要求。必做实验项目至少6个。提倡开设综合性、设计型实验项目,提倡开设部分选做实验项目和由学生自行设计实验方案的提高性实验项目。提倡实验环节独立设课,按课程要求进行考核。

供选择的部分实验项目如下:

① 力学性能实验(硬度、拉伸、压缩、冲击实验等)。

② 组织观察实验(铁碳合金平衡组织观察、热处理组织观察、常用材料组织观察、典型零件组织观察、金属塑性变形及再结晶组织观察)。

③ 热处理工艺实验。

④ 金相制样与显微摄影实验。

⑤ 凝固实验(晶体凝固过程观察、凝固组织观察分析)。

⑥ 失效分析实验。

2. 理论力学

1) 课程目标

(1) 掌握计算惯性力的方法,能够对刚体平动以及对称刚体做定轴转动和平面运动时的惯性力系进行简化。

(2) 掌握理论力学的基本知识、方法和原理,能够针对具体的对象建立力学、运动学和动力学模型并求解。

(3) 能够应用理论力学中的基本原理识别与表达机械工程领域中有关力学、运动学和动力学的相关问题。

2) 先修课程

高等数学、线性代数、大学物理。

3) 建议学时和知识单元

本课程建议讲授42~48学时,实验6~8学时,总学时为48~56学时。本课程建议的知识单元和学时安排见表5.2。

表5.2 "理论力学"课程知识单元和学时安排建议

知识单元(编码)	讲授学时	实验学时
平面力系(ME.EF.EM.01)	6~8	1~2
空间力系(ME.EF.EM.02)	4	
刚体基本运动(ME.EF.EM.03)	4	1~2
合成运动(ME.EF.EM.04)	4	
平面运动分析(ME.EF.EM.05)	4	
质点动力学(ME.EF.EM.06)	2	2
动量定理(ME.EF.EM.07)	4	
动量矩定理(ME.EF.EM.08)	6	
动能定理(ME.EF.EM.09)	4~6	
达朗贝尔原理(ME.EF.EM.10)	4~6	2

4) 教学组织与要求

(1) 以牛顿经典力学理论为主线,以受力分析、运动分析和动力学基本规律为重点,突出刚体力学在机械相关课程中的基本方法和重要作用。注重对先修课程所学知识的综合与应用,加强数理思维和综合分析能力。

(2) 为培养学生准确运用课程知识及分析方法,强化数理思维和综合分析能力的培养,除布置每个章节相应的课后习题外,要求学生以小组形式完成1项理论力学综合实例分析报告。

(3) 在教学中建议引入一些与本课程知识点和分析方法相关的工程案例,基于工程案例介绍新理论、新方法以及新应用。

(4) 实验要求。必做实验项目至少 5 个。课程实验要求覆盖课程三大板块,与理论课程内容不简单重复,具有一定的思考度、挑战度和综合性,课程实验按课程大纲要求进行考核。

供选择的部分实验项目如下:
① 静力学重心测试。
② 运动学仿真实验。
③ 转子动平衡矫正实验。
④ 单自由度系统自由振动和强迫振动实验。
⑤ 被动隔振及连续弹性梁特性测定。

3. 材料力学

1) 课程目标

(1) 掌握杆类构件在拉、压、剪、扭、弯等基本变形状态下的强度、刚度问题的建模和计算方法,能够利用叠加原理进行杆类构件在组合变形情况下的强度、变形问题的建模和计算。

(2) 掌握应力状态分析和强度理论,能够进行压杆稳定和临界载荷或临界应力的计算,并提出杆类构件的交变应力、冲击应力的处理方法。

(3) 能够运用材料力学中的基本原理识别与表达机械工程领域中有关杆类构件强度、刚度、稳定性的相关问题。

2) 先修课程

高等数学、理论力学。

3) 建议学时和知识单元

本课程建议讲授 42~48 学时,实验 6~8 学时,总学时为 48~56 学时。本课程建议的知识单元和学时安排见表 5.3。

表 5.3 "材料力学"课程知识单元和学时安排建议

知识单元(编码)	讲授学时	实验学时
轴向拉压(ME.EF.EM.11)	4~6	2
剪切与挤压(ME.EF.EM.12)	2	
扭转(ME.EF.EM.13)	4~6	2
截面的几何性质(ME.EF.EM.14)	2	
弯曲内力(ME.EF.EM.15)	3	
弯曲应力(ME.EF.EM.16)	3	2~4
弯曲变形(ME.EF.EM.17)	6	
应力状态和强度理论(ME.EF.EM.18)	6	
组合变形(ME.EF.EM.19)	4~6	
压杆稳定(ME.EF.EM.20)	4	
交变应力与冲击应力(ME.EF.EM.21)	4	

4) 教学组织与要求

(1) 针对结构构件和机械零件的承载能力要求,以杆件的强度、刚度和稳定性分析为重点,以杆件变形(轴向拉压、剪切、扭转、弯曲、组合变形)为教学主线,按照外力→内力→应力(包括强度分析)→变形(包括刚度分析)→静不定的教学分析思路,使学生掌握工程构件或机械零件安全设计的基础理论及分析计算方法。

(2) 教学重点在于培养学生分析杆类构件的力学模型以及建模和求解能力,为学生理解并掌握后续专业课程打下坚实的力学基础;培养学生在分析、描述复杂工程问题中的力学问题时,应具有的严谨、规范的力学模型描述能力。适当引入数值模拟软件计算变形和应力云图等,尽量使得教学过程生动形象、深入浅出,激发学生学习兴趣,提高教学质量。

供选择的部分实验项目如下:
① 拉伸压缩和测 E 实验。
② 扭转破坏实验。
③ 电测弯曲正应力实验。

4. 流体力学

1) 课程目标

(1) 掌握描述流体的欧拉方法和拉格朗日法,能够应用流体静力学、伯努利原理、雷诺输运定理等针对机械工程中的流体对象建立数学模型并求解。

(2) 掌握内流、外流、可压缩流动、不可压缩流动等基础知识,能够应用相似准则、量纲分析和π定理等知识,对流体力学中的关键环节进行分析、比较和论证。

(3) 能够针对复杂工程问题提出并设计切实可行的实验研究方案并实施得到符合工程精度的答案。

2) 先修课程

高等数学、大学物理。

3) 建议学时和知识单元

本课程建议讲授 30~42 学时,实验 2~6 学时,总学时为 32~48 学时。本课程建议的知识单元和学时安排见表 5.4。

表 5.4 "流体力学"课程知识单元和学时安排建议

知识单元(编码)	讲授学时	实验学时
流体力学的基本知识(ME.EF.FM.01)	4	
流体静力学(ME.EF.FM.02)	8	
流体运动的基本概念和基本方程(ME.EF.FM.03)	18	2
相似原理和量纲分析(ME.EF.FM.04)	0~1	
黏性流动与管内流动阻力计算(ME.EF.FM.05)	0~2	
有压管路的水力计算(ME.EF.FM.06)	0~2	0~2
缝隙流动(ME.EF.FM.07)	0~2	
一维定常可压缩流体流动(ME.EF.FM.08)	0~2	
流动的测量与流场显示技术(ME.EF.FM.09)	0~2	0~2
计算流体力学简介(ME.EF.FM.10)	0~1	

4) 教学组织与要求

(1) 以应用流体力学领域知识解决机械工程领域复杂工程问题的能力培养为重点,学习流体的基本概念与力学属性,流体运动描述、测量的基本原理与方法,流动相关能耗的分析计算原理与方法,流体与固体间相互作用力的计算与分析等。

(2) 应用多维连续函数微积分的理念与知识,通过流体运动的理论学习,加强学生数理思维及分析、计算、表达能力的培养。

(3) 课程的实验为流体在管路中的流动以及边界层流动,通过揭示清晰的流动现象,培养学生的实验动手能力、观察能力及科学思维能力。

(4) 课程的主要任务是通过各教学环节的学习和锻炼,使学生掌握流体运动的基本概念、基本原理和基本计算方法,能够针对流动相关复杂工程问题建立物理与数学模型并给出符合行业规范的解答,能够针对复杂工程问题提出并设计切实可行的实验研究方案并实施得到符合工程精度的答案,为学习后继课程、从事工程技术工作和科学研究,以及开拓新技术领域打下坚实的基础。

(5) 本课程可以与"液压与气压传动"课程合并,作为"液压与气压传动"课程流体力学知识基础的内容,此时可适当减少理论教学学时。

供选择的部分实验项目如下:
① 流体静力学实验。
② 流体基本原理实验(密度、黏度测试实验)。
③ 恒定总流基本方程实验(伯努利方程实验,文丘里流量计实验)。
④ 流动阻力及能量损失实验(雷诺实验)。
⑤ 有压管流实验。
⑥ 流场显示实验(小型粒子成像测试系统 PIV,单圆柱绕流,多圆柱绕流)。

5. 工程热力学

1) 课程目标

(1) 能依据热力学基本原理,分析能源利用中多种能量转换的基本规律,特别是热-功转换的基本原理。

(2) 能利用热力学基础理论、工质及热力过程的计算方法,对相关领域常见热力设备的热力循环建立合适的数学模型并对其求解。

(3) 能熟练利用工质性质公式和图表进行能源利用中涉及的热力过程及循环的分析和计算,能够分析热力设备和系统能量利用的经济性。

2) 先修课程

高等数学、大学物理。

3) 建议学时和知识单元

本课程建议讲授 28~30 学时,实验 2~4 学时,总学时为 32 学时。本课程建议的知识单元和学时安排见表 5.5。

表 5.5 "工程热力学"课程知识单元和学时安排建议

知识单元(编码)	讲授学时	实验学时
工程热力学基本概念(ME.EF.TH.01)	2	
热力学第一定律(ME.EF.TH.02)	6	
工质的热力性质(ME.EF.TH.03)	6	2

续表

知识单元(编码)	讲授学时	实验学时
工质的热力过程(ME.EF.TH.04)	4	0~2
热力学第二定律(ME.EF.TH.05)	4	
气体的压缩(ME.EF.TH.06)	2	
气体与蒸汽流动(ME.EF.TH.07)	2	
气体动力循环(ME.EF.TH.08)	2	
蒸汽动力循环(ME.EF.TH.09)	0~1	
冷循环(ME.EF.TH.10)	0~1	

4) 教学组织与要求

(1) 以机械工程领域相关复杂工程问题的热力学建模并对其求解能力培养为重点,学习能量转换的基本规律,特别是热-功转换的基本原理——热力学第一定律和热力学第二定律。

(2) 工质的基本热力过程主要讲述工质的热力性质、热力过程与循环的基本分析方法。

(3) 本课程可以安排0~2学时的实验,从以下实验中选做:

① 通过开展水的饱和蒸汽压力和温度关系实验,加深对饱和状态的理解;

② 通过空气定压比热的测定了解气体比热测定的基本原理和构思,掌握由实验数据计算出比热值和比热公式的方法。

(4) 通过课堂讲解、实验和习题相结合使学生对所学知识融会贯通,为学生学习后续相关专业课程奠定重要的理论基础,同时培养学生独立解决能源利用过程中所需的演绎与归纳、分析与综合能力。

6. 传热学

1) 课程目标

(1) 熟悉传热学的基本概念、基本定律,了解并掌握热量传递的计算方法。能利用传热学知识正确描述和计算工程领域中的传热问题。

(2) 能够应用传热学的基本概念、基本定律和计算方法,对工程领域中传热问题进行简化计算,求解简单的传热问题。

(3) 掌握影响对流换热、辐射换热的主要因素以及强化和削弱传热的途径,并能综合运用相关知识,设计解决方案并进行分析计算,树立节约用能、合理用能的观念。

2) 先修课程

高等数学、大学物理、工程热力学、工程流体力学。

3) 建议学时和知识单元

本课程建议讲授28~30学时,实验2~4学时,总学时为32学时。本课程建议的知识单元和学时安排见表5.6。

表5.6 "传热学"课程知识单元和学时安排建议

知识单元(编码)	讲授学时	实验学时
热传导(ME.EF.TH.11)	2	
稳态导热(ME.EF.TH.12)	6	2

续表

知识单元(编码)	讲授学时	实验学时
非稳态导热(ME.EF.TH.13)	2	
对流换热(ME.EF.TH.14)	8	0~2
凝结与沸腾换热(ME.EF.TH.15)	2	
热辐射基本定律及物体的辐射特性(ME.EF.TH.16)	4	
辐射换热的计算(ME.EF.TH.17)	2	
传热过程分析和换热器计算(ME.EF.TH.18)	2	
导热问题的数值解法(ME.EF.TH.19)	0~2	

4) 教学组织与要求

(1) 以机械工程领域相关复杂工程问题传热关键要素的识别与判断、传热模型建立与分析能力培养为重点,学习热量传递基本方式以及传热过程,包括傅里叶定律、导热微分方程的建立、各种稳态导热问题和非稳态导热问题的分析求解方法,以及导热问题的数值求解方法。

(2) 对流传热部分,分析对流传热的物理机制及其影响因素,以及内部对流传热和外部对流传热的特点,掌握对流传热计算的传热关联式及其工程应用,以及求解单相介质对流传热问题的比拟法和积分法。

(3) 辐射传热部分,重点介绍基本概念和基本定律,以及辐射传热过程的计算。

(4) 传热过程和换热器部分,重点介绍常见传热过程的传热系数和换热器传热温差的计算方法。通过工程实例,培养学生综合应用传热学分析方法,解决复杂工程问题的能力和工程素养。

供选择的部分实验项目如下:

① 通过热导率测定实验,确定热导率和温度之间的函数关系,巩固和深化对稳态导热的基本理论的理解;

② 开展空气横掠单管时平均换热系数测定实验,了解实验装置,熟悉空气流速及管壁温度的测量方法,通过对实验数据的综合整理,掌握强制对流换热实验数据的整理方法。

7. 电工电子学

1) 课程目标

(1) 掌握电路、电动机、模拟电子电路、数字电子电路、测量技术、控制技术的基本理论、基本知识和基本分析方法,能够应用于表达与分析工程中相关问题。

(2) 掌握万用表、函数发生器、示波器、交流毫伏表、功率表等仪器仪表的使用方法和操作规范,能够独立完成后续电工电子学实验,掌握未来电子工程师所必须具备的工程实践能力。

(3) 具有分析工程问题中电工电子电路的能力,能够完成基本控制电路的设计。

2) 先修课程

高等数学、大学物理。

3) 建议学时和知识单元

本课程建议讲授48~56学时,实验24~32学时,总学时为72~88学时。本课程建议的知识单元和学时安排见表 5.7。

表 5.7 "电工电子学"课程知识单元和学时安排建议

知识单元(编码)	讲授学时	实验学时
电路的基本概念和基本分析方法(ME.EF.EE.01)	6~10	4
电路的暂态分析(ME.EF.EE.02)	2~4	0~2
正弦交流电路(ME.EF.EE.03)	6~10	2
三相电路(ME.EF.EE.04)	2~4	2
电动机(ME.EF.EE.05)	6~8	2~4
继电接触器控制系统(ME.EF.EE.06)	6	2~4
可编程序控制器(ME.EF.EE.07)	2~4	2~4
变压器(ME.EF.EE.08)	3	2
半导体器件基础(ME.EF.EE.09)	4	2
放大电路分析(ME.EF.EE.10)	4	2
集成运算放大器(ME.EF.EE.11)	4~6	2~4
直流稳压电源(ME.EF.EE.12)	3	2

4) 教学组织与要求

(1) 课程内容涵盖了电气、电子学科的基本知识,以电路理论为基础,以电能利用、信号处理和系统控制为主线,注重引入新技术和新方法,开展电路仿真、分析、设计技术;以应用为导向,加强理论与实验的融通,引导学生以小组为单位开展探究性教学,注重知识迁移能力和解决复杂工程问题的能力。

(2) 在实验环节设置多层次实验教学任务。基础层实验重在理论与实践相联系,训练基本仪器仪表的使用和基本测量技能,强化安全意识和实验规范。综合层实验采用课内课外配合,虚拟仿真和实验室实操结合,以自主实验为主,确实锻炼动手实践的能力。在提高层可以根据学校已有条件,教师发布设计拓展项目任务,学生自主设计实验,并利用开放实验室进行实验验证,最后,采用答辩、验收、提交报告的方式考察学生的完成情况,综合训练学生自主学习、协作沟通和迁移应用能力。

基础层实验项目包括但不限于以下内容:

① 直流电路测量。

② 三相电路测量。

③ 电路的时域分析。

④ 单级交流放大电路。

⑤ 集成运算放大器的应用。

综合层和提高层实验项目包括但不限于以下内容:

① 智能喷雾消毒装置的设计及实现。

② 恒温控制系统的设计及实现。

③ 数控电源的设计及实现。

④ 数字时钟的设计及实现。

⑤ 基于 FPGA 的数字系统设计。
⑥ 基于 PLC 的十字路口交通灯的控制。
⑦ 基于 PLC 的车库控制系统。

8. 系统工程学

1) 课程目标

(1) 掌握系统工程的方法论,能够在机械工程创新设计中,综合考虑制约因素,借助层次分析法、网络分析法、模糊数学分析法,确定多种方案的评价指标、指标权重等量化方法,并进行评价和优选。

(2) 掌握系统仿真原理及系统动力学方法,能够运用系统分析、系统建模与仿真方法,对机械复杂问题进行预测和模拟,并分析其局限性。

(3) 掌握产品设计、制造、科学研究、技术开发涉及的不同类型问题的决策方法,能够运用决策表、决策树以及决策矩阵法解决工程问题,能够在多阶段决策过程应用动态规划的基本方程。

2) 先修课程

高等数学、线性代数、概率论与数理统计。

3) 建议学时和知识单元

本课程建议讲授 32 学时,总学时为 32 学时。本课程建议的知识单元和学时安排见表 5.8。

表 5.8 "系统工程学"课程知识单元和学时安排建议

知识单元(编码)	讲 授 学 时
系统工程概述(ME.EF.SE.01)	4
系统工程方法论(ME.EF.SE.02)	6
系统模型与模型化(ME.EF.SE.03)	3
系统仿真及系统动力学方法(ME.EF.SE.04)	3
系统评价方法(ME.EF.SE.05)	8
决策分析方法(ME.EF.SE.06)	8

4) 教学组织与要求

(1) 以钱学森系统工程思想为课程引入,以系统工程的方法论为线索,以霍尔三维结构与切克兰德方法论为主线,重点讲述系统开发、系统运作管理实践中应遵循的工作程序、逻辑步骤和基本方法,强化处理复杂系统工程问题的一般方法与总体框架。

(2) 为提高对复杂系统的建模和分析能力,强化模型化技术的学习,分析系统目标达成的影响因素与机理,注重系统评价的各种定性定量评价方法。

(3) 为能在多变的环境下做出科学而正确的决策,讲述确定型问题、风险型问题与鲁棒型问题的决策方法,风险型多阶段条件概率下的决策方法,为在动态不确定环境下提供科学决策的定量依据、方法与技术。

(4) 结合实际案例,运用探讨性教学方法,开展线上线下混合教学。

(5) 课程报告与实验要求。建议结合教学内容,通过学生自主寻找最新的案例,学生分组完成方法论的学习与实践并提交分析报告。提倡开设 1~2 个综合创新实验,开展课外分组实践项目,并针对其进行系统评价,有机融合理论与实践。

5.3.2 机械设计原理与方法知识领域中的相关课程

5.3.2.1 概述

机械设计原理与方法知识领域是机械工程专业本科生教育的基础。建议各校围绕本校办学定位和培养目标,结合学校所在地区特点和所服务的行业、产业特点,设置体现特色的相关必修课程、选修课程和实践环节,合理分配课程和实践环节的学时,以拓宽学生视野,强化理论与实践的融合和学生实践能力、创新能力的培养以及综合素质的提高。

5.3.2.2 推荐课程方案

按照认知规律和机械工程设计的一般过程,将机械设计原理与方法知识领域的知识单元组合成"工程图学""机械原理""机械设计""互换性原理与测量技术/精度设计""现代设计理论与方法"共 5 门基本课程,并将其作为该知识领域的推荐课程。这 5 门课程的内在认知关系如图 5.5 所示。

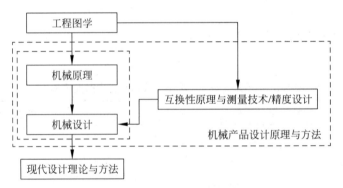

图 5.5　机械设计原理与方法知识领域 5 门基本课程的内在认知关系

各校在组合知识单元时,不必拘泥于这 5 门课程的知识单元组合方式,可结合专业教学改革与系列课程建设工作,形成其他可体现本校特色的课程组合方案,如将机械原理和机械设计的知识单元进行有机整合,甚至进一步融入互换性原理与测量技术/精度设计的部分知识单元,形成面向对象,以工作原理、运动设计、工作能力设计、结构设计和精度设计为主线的 1 门新课程,如图 5.5 中虚线框所示的机械产品设计原理与方法。作为案例,本节将给出整合机械原理、机械设计和互换性原理与测量技术/精度设计三者知识单元的一个课程描述。

5.3.2.3 推荐课程描述

1. 工程图学

1) 课程目标

(1) 熟悉机械制图有关标准和规范,掌握正投影法的基本理论及其应用,能够阅读和手工绘制工程图样(机械图)。

(2) 能够进行空间思维、造型设计和形体表达,并对机械零部件形体结构进行创新构思和创新设计。

(3) 能够用计算机绘图软件进行三维设计和绘制二维工程图样。

2) 先修课程

无。

3) 建议学时和知识单元

本课程建议讲授 64~80 学时,绘图实验(上机)16 学时,总学时为 80~96 学时。

本课程建议的知识单元和学时安排见表 5.9。

表 5.9 "工程图学"课程知识单元和学时安排建议

知识单元(编码)	讲授学时	实验学时
形体设计基本理论与技术与规范(ME.MD.SD.01)	2	
三维实体造型与视图生成(ME.MD.SD.02)	8~10	2
视图分析与形体构造(ME.MD.SD.03)	14~16	2
机件常用表达方法(ME.MD.SD.04)	10~12	2
标准件与常用件的表达方法(ME.MD.SD.05)	8~10	2
零件图(ME.MD.SD.06)	10~14	4
装配图(ME.MD.SD.07)	12~16	4

4) 教学组织与要求

本课程是一门既有系统理论又有很强实践性的学科基础课程。绘制工程图样的技能必须在学习理论的基础上,通过大量的读图和绘图实践来逐步掌握,因此本课程的教学组织强调理论与实践的有机结合,强调手工绘图与软件绘图的综合训练,强调通过课堂讲授、课堂讨论、课堂练习和课后实践实现课程教学目标。

(1) 在三维实体造型与视图生成知识单元的理论教学和实验教学中,要求学生熟悉并掌握一种三维绘图软件和一种二维绘图软件,能够对基本体以及组合体进行三维实体造型和装配,能够根据国家标准对由三维软件生成的二维三视图进行必要的取舍与修改,最终绘制出符合国家标准的工程图。通过这一过程初步了解投影原理以及三视图间的基本关系,了解并掌握"空间到平面"的原理与方法。

(2) 在视图分析与形体构造知识单元的理论教学和实验教学中,通过安排一定强度的视图分析与读图练习,进一步理解投影原理以及三视图与空间立体间的关系,初步完成"平面到空间"的思维训练过程,从而达到能够阅读与绘制一般组合体三视图的目的。

(3) 在机件常用表达方法知识单元的理论教学和实验教学中,要求学生理解并掌握国家标准《技术制图》中对"视图""剖视图""断面图""规定画法及简化画法"的规定,并能熟练地用计算机软件实现各种视图的绘制。

(4) 在标准件与常用件的表达方法知识单元的理论教学和实验教学中,要求学生理解并掌握国家标准《技术制图》对"螺纹""齿轮""键""销"画法的特殊规定,达到正确绘制的目的,并学会在相关软件中调用该部分图库的方法。

(5) 在零件图、装配图知识单元的理论教学和实验教学中，要求学生能够绘制出"内容完整、格式正确"的中等复杂程度的零件图和装配图，并能由装配图拆画出相应的零件图。

各校可根据专业人才培养定位和培养计划，对表 4.10 所列知识点进行适当取舍或增补，细化教学要求、讲授详略和学时分配，并在教学案例、课后练习与实践项目中体现行业、产业机械装备的形体结构与制图特点。

2. 机械原理

1）课程目标

（1）了解机构的组成要素，掌握平面机构运动简图绘制、自由度计算和结构分析的方法；了解平面机构运动分析和力分析的基本方法，理解机械中的摩擦、自锁和效率的概念，能够对机构进行运动分析、力分析、自锁性分析和效率计算。

（2）掌握刚性转子静平衡、动平衡的原理和方法，了解平面机构平衡的基本概念，能够对刚性转子进行静平衡、动平衡计算；了解单自由度机械系统等效动力学模型的建立方法，熟悉机械系统速度波动的分类及其调节原理，能够近似计算飞轮转动惯量。

（3）了解连杆机构、凸轮机构、齿轮机构及轮系、间歇运动机构等常用机构的工作原理、功能特点和应用场合，掌握上述机构运动特性与结构参数的关系以及机构运动设计的基本方法，能够结合应用场合需求对上述机构进行运动设计。

（4）了解机构的选型、组合方式、运动循环图拟定等方面的基本知识，熟悉机构系统运动方案设计的基本过程，了解机构系统运动方案的评价准则，能够结合工程应用中的功能要求，拟定机构系统运动方案并进行运动设计；能够设计实验方案，通过实验手段测试常用机构的运动性能和进行机构创新设计。

2）先修课程

大学计算机基础、高等数学、理论力学、工程图学。

3）建议学时和知识单元

本课程建议讲授 40~56 学时，实验 8 学时，总学时为 48~64 学时。本课程建议的知识单元和学时安排见表 5.10，实验安排见"教学组织与要求"。

表 5.10 "机械原理"课程知识单元和学时安排建议

知识单元（编码）	讲授学时	实验学时（选做 4 个）
机械产品设计概述（ME.MD.MPD.01）	2	
机构的构型分析（ME.MD.MPD.02）	4	2
机构的运动分析（ME.MD.MPD.03）	2~4	2
机构的力分析（ME.MD.MPD.04）	2~4	
机械的效率和自锁（ME.MD.MPD.05）	2	2
机械的平衡（ME.MD.MPD.06）	2~4	2
机械的运转及其速度波动的调节（ME.MD.MPD.07）	4~6	2
连杆机构及其设计（ME.MD.MPD.08）	4~6	2
凸轮机构及其设计（ME.MD.MPD.09）	4	2
齿轮机构及其设计（ME.MD.MPD.10）	8~12	2
轮系及其设计（ME.MD.MPD.11）	4	

续表

知识单元(编码)	讲授学时	实验学时(选做4个)
其他常用机构(ME. MD. MPD. 12)	0~2	
机构系统的运动方案设计(ME. MD. MPD. 13)	2	2

4) 教学组织与要求

(1) 以机构和机器设计为主线,以运动设计、动力学设计和机构系统运动方案设计为重点,突出设计的共性规律和基本方法;注重对先修课程(高等数学、理论力学等)所学知识的综合与应用;结合工程案例和课外项目实践,加强创新设计和综合设计能力的培养。

(2) 知识单元的组织顺序可以多样化,例如可按先结构学与运动学,后静力学、再动力学的顺序组织教学内容,也可先介绍分析方法、再介绍设计方法,还可按研究对象来组织运动学、静力学和动力学等相关知识点。

(3) 关于解决分析类问题与设计类问题的图解法和解析法,教学中不宜过于强调一种方法而忽视另一种方法,应两者兼顾,借助图解法获得解决问题的思路,通过解析法获得精确的结果。

(4) 关于分析与设计的重要性,应强调分析是解决设计问题的基础,设计依赖于分析建立模型。

(5) 实验要求。实验项目选做3~5个,可从以下不同组别中选取。

第1组:机构运动简图的绘制与几何参数的测定。例如,机构运动简图的绘制,渐开线齿轮基本参数的测定,盘形凸轮廓线的测绘等。

第2组:机构综合。例如,平面低副机构的实验法综合,机构创意组装等。

第3组:机构运动参数的测定。例如,机构运动构件的位移、速度、加速度等的测定。

第4组:机械动力参数的测定。例如,刚性转子平衡,机械效率测定,机械速度波动测定及飞轮调速等。

建议开设部分选做、提高性实验项目。提倡开设运用现代测试技术、由学生自行构思实验方案的设计型、综合性实验项目。提倡实验环节独立设课,按课程要求进行考核。

(6) 课程设计要求。按照一个简单机械系统的功能要求,综合运用所学知识,拟定机械系统的运动方案,并对其中的某些机构进行分析和设计。通过课程设计这一实践环节,使学生加深理解和更好地掌握本课程的基本理论与方法,进一步提高学生查阅技术资料和绘制工程图等能力,特别是加强培养学生创新意识和分析问题、解决问题的能力。学生应在教师指导下独立完成设计任务。要求绘制适量图纸,编写分析、设计计算程序和撰写设计报告。课程设计时间不应少于1.5周,成绩单独评定,另设学分。

提倡将"机械原理课程设计"与"机械设计课程设计"合并进行,以利于综合运用所学多课程知识解决工程设计问题。提倡课程设计选题与学生自主课外科技创新项目相结合。

3. 机械设计

1) 课程目标

(1) 熟悉常用传动机构工作能力设计以及通用零部件设计与选择计算的国家标准和规范,掌握其中的基本知识与基本方法。

(2) 能够设计一般通用机械产品,特别是常用传动装置。

(3) 掌握机械产品设计的基础知识,能够运用标准、规范、手册、图册及网络信息等有关技术资料,设计和分析一般机械方案。

(4) 能够设计实验方案,通过实验手段测试常用传动机构和典型机械产品工作性能。

2) 先修课程

大学生计算机基础、高等数学、理论力学、材料力学、工程材料与应用、工程图学、互换性原理与测量技术/精度设计、机械原理。

3) 建议学时和知识单元

本课程建议讲授40~56学时,实验8学时,总学时为48~64学时。本课程建议的知识单元和学时安排见表5.11,实验安排见"教学组织与要求"。

表5.11 "机械设计"课程知识单元和学时安排建议

知识单元(编码)	讲授学时	实验学时(选做4个)
机械产品设计概述(ME.MD.MPD.01)	2	2
机械零件的强度(ME.MD.MPD.14)	2	
螺纹连接和螺旋传动(ME.MD.MPD.15)	4	2
键、花键、无键连接、销连接、过盈连接(ME.MD.MPD.16)	1~2	
焊接、铆接和胶接(ME.MD.MPD.17)		
带传动(ME.MD.MPD.18)	2~4	2
链传动(ME.MD.MPD.19)	1~2	2
齿轮传动(ME.MD.MPD.20)	8~10	
蜗杆传动(ME.MD.MPD.21)	2	2
滑动轴承(ME.MD.MPD.22)	2~4	2
滚动轴承(ME.MD.MPD.23)	6	
联轴器、离合器和制动器(ME.MD.MPD.24)	0~2	2
轴(ME.MD.MPD.25)	6	2
弹簧(ME.MD.MPD.26)	0~2	
机座、箱体和导轨(ME.MD.MPD.27)	2	
减速器和变速器(ME.MD.MPD.28)	0~2	2
机械系统总体方案设计(ME.MD.MPD.29)	2	
机械系统的集成设计(ME.MD.MPD.30)	0~2	

4) 教学组织与要求

(1) 以常用传动机构和通用机械零部件的工作能力设计为主线,以参数设计、结构设计、机械系统总体方案设计为重点,突出机械系统与产品设计的共性规律和基本方法。注重对先修课程所学知识的综合与应用;加强创新设计和综合设计能力的培养。

(2) 为强化学生灵活运用已学知识,注重创新意识和创新能力培养,除布置适量课后习题外,建议要求学生完成1~2项具体工程应用背景的综合设计项目。

(3) 建议教学中适当引入一些与本课程知识点相关的新理论、新技术、新装置以及现代设计方法。

(4) 实验要求。必做实验项目至少3个。提倡开设综合性、设计型实验项目,提倡开设部分选做实验项目和由学生自行设计实验方案的提高性实验项目。提倡实验环节独立设课,按课程要求进行考核。

供选择的部分实验项目如下:

① 螺纹连接实验。

② 带传动实验。

③ 链传动实验。

④ 齿轮、蜗杆传动实验。

⑤ 滑动轴承实验。

⑥ 联轴器或离合器实验。

⑦ 轴系结构设计实验。

⑧ 减速器结构分析实验。

(5) 课程设计要求。课程设计的命题应具有一定的工程与应用背景,结合专业特点和培养目标,注重工程设计过程各主要环节的全面训练,并有发挥学生创造性的较大空间。设计任务应兼顾机械产品总体方案设计、机构及其传动设计、机械零部件设计与结构设计等方面的训练。

学生应在教师指导下独立完成设计任务。要求绘制适量图纸,编写分析、设计计算程序和撰写设计报告。课程设计时间不应少于2.5周,成绩单独评定,另设学分。

提倡将"机械设计课程设计"与"机械原理课程设计"合并进行。提倡课程设计选题与学生自主课外科技创新项目相结合。

4. 互换性原理与测量技术/精度设计

1) 课程目标

(1) 熟悉互换性原理的基本概念和相关国家标准与规范,能够分析尺寸公差、形状与位置公差以及表面粗糙度对机械零件功能的影响及其与加工方法和制造成本的关系。

(2) 掌握公差项目及其数值的选择方法,能够在设计图中正确标注公差项目和数值。

(3) 掌握几何量测量技术以及数据处理方法,能够测量机械零件加工精度,以及检验和评判加工零件是否符合设计要求。

2) 先修课程

工程图学、工程材料与应用、材料成形技术基础。

3) 建议学时和知识单元

本课程建议讲授24学时,实验8学时,总学时为32学时。本课程建议的知识单元和学时安排见表5.12。

表5.12 "互换性原理与测量技术/精度设计"课程知识单元和学时安排建议

知识单元(编码)	讲授学时	实验学时
机械产品设计概述(ME.MD.MPD.01)	1	
尺寸极限与配合(ME.MD.MPD.31)	2	1
形状和位置公差(ME.MD.MPD.32)	4	2
表面粗糙度(ME.MD.MPD.33)	2	1
尺寸精度设计(ME.MD.MPD.34)	2	
形状和位置精度设计(ME.MD.MPD.35)	2	

知识单元(编码)	讲授学时	实验学时
表面粗糙度设计(ME.MD.MPD.36)	1	
标准件、常用件的公差与配合(ME.MD.MPD.37)	2	2
几何量测量(ME.MD.MPD.38)	6	2
尺寸链(ME.MD.MPD.39)	2	

4) 教学组织与要求

(1) 本课程理论性、实践性、工程性、规范性均较强,教学中应结合专业特点,通过大量的工程应用案例介绍以及课后练习与实践,激发学生的学习兴趣,并将所学知识正确应用于典型机械零部件和机械系统与产品的设计中。

(2) 实验要求。通过实验,使学生加深对课堂教学内容的理解,掌握几何参数测量、几何量计量器具的原理及测量方法,加深对互换性和公差基本概念的感性认识,具备正确使用常用计量器具以及处理测量结果的能力。建议开设部分选做、提高性实验项目。

供选择的部分实验项目如下:

① 轴径、孔径的测量。

② 表面粗糙度的测量。

③ 导轨直线度误差的测量。

④ 轴件形位误差的测量。

⑤ 箱体位置误差的测量。

⑥ 齿轮基节偏差、齿厚偏差、齿圈径向跳动误差的测量。

⑦ 齿轮公法线平均长度偏差和公法线长度变动的测量。

⑧ 螺纹各要素的测量。

⑨ 三坐标测量机上几何元素、形位误差的测量。

⑩ 激光非接触测量与视觉检测。

5. 现代设计理论与方法

1) 课程目标

(1) 了解现代机械设计的发展趋势,能够应用典型设计理论与方法进行机械工程设计。

(2) 熟悉常用商业软件中的有限元分析、优化设计、可靠性设计、动态设计等功能模块,能够运用此类模块进行机械工程设计与分析。

(3) 能够对设计结果进行分析和综合评价。

(4) 能够合理选择设计方法解决工程设计问题。

2) 先修课程

大学计算机基础,高等数学,线性代数,理论力学,材料力学,机械原理,机械设计,互换性原理与测量技术/精度设计。

3) 建议学时和知识单元

本课程的建议讲授24学时,上机实践8学时,总学时为32学时。本课程建议的知识单元和学时安排见表5.13。

表 5.13 "现代设计理论与方法"课程知识单元和学时安排建议

知识单元(编码)	讲授学时	上机实践
现代设计概论(ME.MD.MD.01)	1	
创新设计(ME.MD.MD.02)	2	
优化设计(ME.MD.MD.03)	4	2
可靠性设计(ME.MD.MD.04)	4	2
绿色设计(ME.MD.MD.05)	1	
模块化设计(ME.MD.MD.06)	1	
全生命周期设计(ME.MD.MD.07)	1	
有限元方法(ME.MD.MD.08)	4	4
智能设计(ME.MD.MD.09)	2	
其他设计方法简介(ME.MD.MD.10)	4	

4) 教学组织与要求

(1) 本课程理论性和软件依赖性较强,建议通过案例教学、课堂讨论和上机实践的形式强化有关设计理论与方法的掌握与应用。

(2) 学生应至少熟练掌握两种现代设计与分析的算法和软件应用,并用于解决至少两个设计项目,如齿轮或轴的有限元分析、机械产品或传动装置主参数的优化设计、机械产品的可靠性设计等。

5.3.3 机械制造工程原理与技术知识领域中的相关课程

5.3.3.1 概述

本课程体系以制造工程理论、技术和工程实践教育为核心,围绕机械制造工程系统各环节设置课程,保证学生具有扎实的基础知识和系统的专业知识。

根据机械制造系统涉及的工程领域和发展趋势,设置选修课程、实践教学环节,以拓宽学生视野,提高学生理论联系实际、解决实际问题的能力,加强学生实践和创新能力培养,有利于知识、能力和素质协调发展。

鼓励各高校根据所涉及的地区、行业/产业特点和学生就业方向,设置具有本校特色的选修课程。可以设置能源机械、农业机械、工程机械、轻工机械、交通运输、建筑机械、食品机械等具有自己学校专业特色的课程。

5.3.3.2 推荐课程方案

按照认知规律和机械制造工程的一般过程,将机械制造工程原理与技术知识领域中的知识单元,推荐组合成"材料成形技术基础""机械制造技术基础""制造装备和过程自动化技术""数控技术与数控加工编程""现代制造技术"5门基本课程。图 5.6 为这 5 门课程的内在认知关系。

各高校可结合教学改革与系列课程建设工作,可以突破上述 5 门课程的知识单元组合方式,形成体现本校特色的其他课程组合,适应于自身的课程设置体系,如"数控技术与数控加工编程"和"制造装备和过程自动化技术"可以组合为一门课程;"现代制造技术"可以

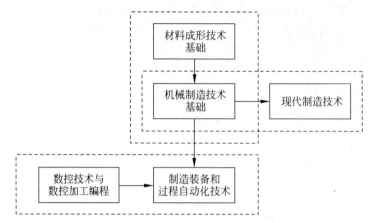

图 5.6 机械制造工程原理与技术知识领域 5 门基本课程的内在认知关系

拆分为多门选修课程,如工业机器人、增材制造、智能制造基础等;"现代制造技术"主要内容也可以在"机械制造技术基础"课程中简要介绍;"机械制造技术基础"也可以拆分为金属切削原理与刀具、现代制造装备设计、机械制造工艺与夹具等课程。

5.3.3.3 推荐课程描述

1. 材料成形技术基础

1) 课程目标

(1) 了解工程材料成形技术的现状,熟悉相关新材料、新技术、新工艺的发展趋势。

(2) 掌握铸造成形、塑性成形、焊接成形等典型热加工制造工艺的基本原理和工艺特点,能够对成形制造工艺进行分析。

(3) 熟悉铸造成形、塑性成形、焊接成形等常用装备的工作原理,能够设计相关的工装夹具、模具等。

(4) 熟悉常用非金属材料的成形方法、工艺和设备。

(5) 能够综合运用成形工艺知识,分析零件结构及选用材料成形方法,能够结合常用工程材料的成形工艺对工程构件进行失效分析。

2) 先修课程

工程图学、工程材料等。

3) 知识单元和学时建议

本课程建议讲授 28~42 学时,实验 4~6 学时,总学时为 32~48 学时。本课程建议的知识单元和学时安排见表 5.14。

表 5.14 "材料成形技术基础"课程知识单元和学时安排建议

知识单元(编码)	讲授学时	实验学时
铸造成形(ME.MM.MMT.01)	8~12	2
塑性成形(ME.MM.MMT.02)	6~10	2
焊接成形(ME.MM.MMT.03)	6~8	2

知识单元(编码)	讲 授 学 时	实 验 学 时
非金属材料的成形(ME.MM.MMT.04)	4~6	
工程构件的失效分析(ME.MM.MMT.05)	4~6	

4) 教学组织与要求

(1) 本课程教学内容概念繁杂、实践性强，在教学组织上应将课堂授课与实习、实践相结合，课堂授课与自学相结合。建议结合工程训练进行现场教学。

通过课堂讲授，使学生掌握工程材料热加工成形的基本原理与特点，掌握热加工成形的工业生产过程与选择。结合工程训练和实验，使学生加深对材料热加工成形方法和工艺的理解，培养学生解决工程实际问题的能力。同时，在教学中应结合该领域的新材料、新方法、新工艺，介绍当前材料成形的最新进展与发展趋势。

(2) 实验要求。本课程可以结合工程训练进行讲授。根据课堂授课的需要，安排 4~6 学时的实验，实验项目可从以下实验中选取：

① 铸造应力及零件铸造结构工艺性对比试验。
② 不同金属的锻造性能实验。
③ 冲压模具的结构分析与拆装实验。
④ 焊接成形方法实验。
⑤ 焊接接头的组织和性能。
⑥ 焊接应力与变形实验。
⑦ 非金属材料成形实验。

(3) 本课程可以开设部分选做、开放性、提高性的实验项目。由学生运用现代测试技术，自行构思、设计实验方案，以培养学生综合运用所学多课程知识解决工程设计问题的能力。提倡开放性实验选题与学生自主课外科技创新项目相结合。

2. 机械制造技术基础

1) 课程目标

(1) 掌握切削加工成形的基本知识和基本规律，熟悉切削刀具的设计原理，能够设计常用的切削刀具。

(2) 掌握机械加工工艺过程和装配工艺过程的设计原理，能够制定典型机械零件制造和装配工艺规程。

(3) 掌握工件的定位原理和夹紧原理，能够设计各类机床夹具。

(4) 掌握机械加工精度和表面加工质量的基本概念，能正确理解和分析影响加工精度与加工表面质量的各种因素及其控制方法。

(5) 掌握机械制造技术的现状和发展趋势，熟悉典型的先进生产模式。

2) 先修课程

工程图学、机械设计、互换性原理与测量技术/精度设计、材料成形技术基础等。

3) 建议学时和知识单元

本课程建议讲授 42~56 学时，实验 6~8 学时，总学时为 48~64 学时。本课程建议的知识单元和学时安排见表 5.15。

表 5.15 "机械制造技术基础"课程知识单元和学时安排建议

知识单元(编码)	讲授学时	实验学时
常用金属切削机床(ME.MM.MMT.08)	5~7	
机床夹具设计原理(ME.MM.MMT.11)	5~6	
金属切削过程的基本概念与刀具(ME.MM.MMT.14)	4~5	
金属切削的基本原理与应用(ME.MM.MMT.15)	4~6	2
特种加工技术(ME.MM.MMT.16)	4~5	2
机械加工工艺规程(ME.MM.MMT.18)	8~10	1~2
机械加工精度及其控制(ME.MM.MMT.19)	5~7	1~2
机械加工表面质量及其控制(ME.MM.MMT.20)	2~3	
机器的装配工艺技术基础(ME.MM.MMT.21)	5~7	

4）教学组织与要求

本课程是机械工程专业的主干技术基础课，内容设置以金属切削理论为基础，以制造工艺为主线，以产品质量、加工效率与经济性三者之间的优化为目标，同时掌握工艺装备与现代制造技术等知识。通过课程讲授使学生掌握机械制造技术的基本知识、基本原理；同时结合生产实习、专业课程设计、实验教学，培养学生运用机械制造技术的基础理论和知识解决机械制造工程问题的能力。

课程应该讲授机械制造技术领域最新的科技动态和成果，内容可根据实际情况取舍，但必须保证机械制造技术基础知识和基本原理教学内容的系统性和完整性，特种加工技术可根据学校专业课程的设置情况选讲。与本课程教学活动同时进行的实践性教学环节包括：

（1）生产实习。可以选择有代表性的机械制造类工厂，进行深入的现场实习，并安排学生到不同类型的产品制造企业参观，加深其对机械制造工程技术的应用水平和特点以及专业基本知识的了解。

（2）专业课程设计。通过运用所学机械制造专业知识和原理进行机械加工工艺编制，机床夹具及专用机械加工装备(机床部件、金属切削刀具)设计，加深对所学专业知识和理论的理解和体会。培养学生运用所学专业知识和理论解决机械制造工程技术问题的能力和方法。

（3）实验安排。本课程可以安排 6~8 学时的实验。建议结合专业特点，从下述实验中选取：

① 车刀几何角度测量。
② 加工过程观察，切削力测量、切削温度测量实验。
③ 机床几何精度检测实验。
④ 机床主轴回转误差测量实验。
⑤ 机床零部件拆装实验。
⑥ 工艺系统刚度测定实验。
⑦ 机械加工精度统计分析实验。
⑧ 表面粗糙度、零件表面缺陷分析测量。

⑨ 工艺系统自激振动实验。
⑩ 机床精度装配方法实验。
⑪ 机床温度场测试实验。
⑫ 机床进给系统实验。
⑬ 机床夹具结构与定位误差分析实验。

3. 制造装备和过程自动化技术

1）课程目标

（1）掌握机械制造装备、金属切削机床设计的设计方法与评价机制，能够对设计方案优劣和合理性做出评估。

（2）掌握典型金属切削机床、自动化生产线的总体和典型部件的设计原理，了解专用量具、刀具与刀具系统的设计方法，并能完成总体和典型部件的设计。

（3）掌握生产线物流输送、自动装配等关键设备的工作原理和工艺特点，并能够完成相关设计。

（4）熟悉制造自动化的智能监测方法，能够设计工件、刀具方案以及自动化加工过程的识别与监测方案。

（5）熟悉常用机械设备的结构设计、计算分析方法，能够根据实际工程问题完成设备的分析、设计和计算。

2）先修课程

工程图学、机械设计、互换性原理与测量技术/精度设计、材料成形技术基础等。

3）知识单元和学时建议

本课程建议讲授 28~40 学时，实验 4~8 学时，总学时为 32~48 学时。本课程建议的知识单元和学时安排见表 5.16。

表 5.16 "制造装备和过程自动化技术"课程知识单元和学时安排建议

知识单元（编码）	讲授学时	实验学时
制造装备的设计方法（ME.MM.MMT.06）	2~3	
金属切削机床设计（ME.MM.MMT.07）	5~7	1~2
机械加工生产线（ME.MM.MMT.10）	1~2	
专用量具设计（ME.MM.MMT.13）	1~2	
金属切削刀具系统设计（ME.MM.MMT.17）	4~6	
生产线物流输送（ME.MM.AMT.06）	4~5	1~2
自动装配（ME.MM.AMT.07）	3~4	
制造自动化（ME.MM.AMT.08）	4~6	1~2
智能监控（ME.MM.AMT.17）	4~5	1~2

4）教学组织与要求

本课程是机械工程专业的技术基础课，主要包括制造业用各种装备（设备）的分类与应用，制造装备的结构设计、评价原则、理论、方法，执行部件的运动分析与控制方式，加工过程的自动化系统等。讲述内容主要包括制造装备设计方法、典型金属切削机床结构设计、自动化制造系统构成与总体设计，以及自动化制造系统的各个分系统设计。通过学习，使学生掌握制造装备系统结构设计的基本方法和思路，自动化装备系统的总体设计、各个分系统的设计方法等，具备应用所学基本知识和技能对实际工程问题进行分析、设计和计算的能力，为后续专业课程的学习和将来从事机械制造工程专业技术工作打下良好的基础。

在教学过程中，可根据学校专业课程的设置情况选讲工业机器人部分。本课程可从下列实验中选修6~8学时的实验：

① 典型数控机床部件结构实验。
② 刀具库原理实验。
③ 工件几何精度三坐标测量实验。
④ 生产线物流输送实验。
⑤ 制造自动化加工生产线实验。
⑥ 自动化装配线实验。
⑦ 加工过程智能监控实验。

4. 数控技术与数控加工编程

1) 课程目标

（1）掌握数控技术的基本原理、特点和分类，能够正确应用插补和刀具半径补偿等基本原理。

（2）掌握计算机数控系统的基本组成和特点，熟悉计算机数控系统的硬件结构、软件结构和接口电路，能够完成数控机床可编程控制器的编程与数控通信。

（3）掌握数控加工工艺、编程指令系统和数控程序编制方法，能够阅读和编制基本的加工程序。

（4）掌握数控机床的机械结构，以及数控机床主传动系统、进给系统、自动换刀系统的工作原理和特点，能够初步分析和解决机电控制问题。

（5）能够了解和跟踪数控机床、计算机数控系统的最新发展。

2) 先修课程

机械原理、机械设计、微机原理及应用、控制工程基础等。

3) 知识单元和学时建议

本课程建议讲授28~40学时，实验4~8学时，总学时为32~48学时。本课程建议的知识单元和学时安排见表5.17。

表5.17 "数控技术与数控加工编程"课程知识单元和学时安排建议

知识单元（编码）	讲授学时	实验学时
数控技术原理（ME.MM.AMT.01）	8~12	1~2
计算机数控系统（ME.MM.AMT.02）	4~6	1~2
数控加工程序编制（ME.MM.AMT.03）	8~10	1~2
数控机床机电系统（ME.MM.AMT.04）	8~12	1~2

4) 教学组织与要求

以数控技术原理和数控编程为主，以插补原理、刀具半径补偿、可编程控制器、检测和伺服控制为重点,突出数控技术的系统性思想。教学过程中,注重使学生掌握数控技术的基本原理和信息处理流程,掌握数控加工工艺、编程指令系统和数控程序手工编制方法,具备手工编程和阅读加工程序的能力,采用计算机技术充实教学内容和改进教学手段,使学生具备较扎实的工程基础。

课程的体系和内容要适应当前和今后科技发展及社会经济发展,适度扩充该领域的前沿技术和研究成果,开拓学生的视野。通过机械、电子、计算机、控制等知识的综合运用,注重基于数控技术的创新能力和实践能力的培养。

在教学过程中,可根据课程的设置情况,有重点地选择讲授教学内容。为加深学生对各种不同类型数控机床的了解和认识,本课程可以安排6~8学时的实验,从以下实验中选做:

① 数控机床与系统认知实验。
② 加工编程与数控加工操作实验。
③ 数控加工仿真实验。
④ 步进电动机及插补实验。
⑤ 伺服驱动控制技术实验。

5. 现代制造技术

1) 课程目标

(1) 掌握现代制造技术的基本构成、技术体系和技术内容。

(2) 掌握典型增材制造技术的工作原理、工艺特点和设备构成,能够正确选择增材制造方法。

(3) 掌握工业机器人的运动学、动力学和自动控制的基本原理,能够完成机器人的设计,正确分析机器人的性能和特点。

(4) 掌握精密超精密加工、激光加工、绿色低碳制造和纳米制造技术的工艺特点和工作原理,并能够正确地选择和应用。

(5) 熟悉最新的先进生产制造模式和现代生产管理技术,能够正确选择合理的生产制造模式和生产管理技术。

(6) 掌握智能制造、智能制造系统的基本概念、基本理论和发展趋势,能够完成典型智能制造系统的设计。

2) 先修课程

工程图学、机械制造技术基础、材料成形制造技术基础等。

3) 知识单元和学时建议

本课程建议讲授26~38学时,实验6~10学时,总学时为32~48学时。本课程建议的知识单元和学时安排见表5.18。

表5.18 "现代制造技术"课程知识单元和学时安排建议

知识单元(编码)	讲授学时	实验学时
工业机器人(ME.MM.AMT.05)	6~8	1~2
制造自动化(ME.MM.AMT.08)	1~2	
增材制造(ME.MM.AMT.09)	4~5	2

续表

知识单元(编码)	讲授学时	实验学时
激光加工(ME.MM.AMT.10)	1~2	1~2
精密超精密加工技术(ME.MM.AMT.11)	2~3	1~2
纳米制造技术(ME.MM.AMT.13)	2~3	
绿色低碳制造技术(ME.MM.AMT.14)	2~3	
先进生产制造模式(ME.MM.AMT.15)	4~6	
现代生产管理技术(ME.MM.AMT.16)	2~3	
智能制造系统(ME.MM.AMT.18)	2~3	1~2

4) 教学组织与要求

本课程是机械工程专业的核心专业基础课,讲述内容主要包括非传统的加工方法、精密超精密加工技术、增材制造技术、纳米技术、绿色低碳制造技术的原理和方法,也包括智能制造的基本概念。使学生全面掌握现代加工技术的相关知识,为将来的工作、学习和研究奠定基础;使学生掌握更宽泛的机械制造知识及理论方法,能有针对性地正确选择应用,使学生具备选择更加合理更加经济地加工工艺方法的能力,并提高其解决关键工艺难题的能力。

在教学过程中,可根据课程的设置情况对讲授内容进行选择。为加深学生对各种不同类型加工制造技术的了解和认识,本课程可以安排4~8学时的实验,从以下实验中选做:

① 工业机器人运动学和控制实验。
② 增材制造实验。
③ 激光加工实验。
④ 精密超精密加工实验。
⑤ 制造过程智能监控实验。
⑥ 智能制造自动生产线实验。

5.3.4 机械系统传动与控制知识领域中的相关课程

5.3.4.1 概述

机械系统传动与控制知识领域是机械工程专业学生必须掌握的重要知识领域,在课程设置中应该以传感检测和系统控制为核心,融合基础理论、实践技术与工程应用,重点提高学生的问题解决能力与实践创新能力,培养学生的终生学习能力。

5.3.4.2 推荐课程方案

根据机械系统传动与控制中的基础理论与技术应用一般过程,面向不同地区、不同高校,将机械系统传动与控制知识领域中的相关知识单元组合成"测试技术""微机原理及应用""控制工程基础""液压与气压传动""机电传动与控制""计算机控制技术"6门课程。图5.7为这6门课程的内在认知关系。

各高校可以根据不同的办学定位、所涉及的地区和行业的特点和需求,结合教学改革与

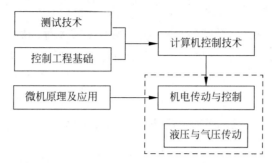

图 5.7　机械系统传动与控制知识领域 6 门基本课程的内在认知关系

课程建设工作,自行选择课程的知识单元组合方式,也可跳出该 6 门课程的知识单元组合方式,形成体现本校特色的其他课程组合。

5.3.4.3　推荐课程描述

1. 测试技术

1) 课程目标

(1) 掌握工程测试的基本知识,能够进行实验方案设计以及传感器、测试仪器与装置的选用。

(2) 掌握信号的采集、传输、变换、记录,实验数据处理,误差分析,特征参数提取等方法,能够进行静态、动态信号的分析与处理以及测试系统特性分析。

2) 先修课程

高等数学、复变函数与积分变换、电工电子学、大学物理。

3) 建议学时和知识单元

本课程建议讲授 24~32 学时,实验 8~16 学时,总学时为 32~48 学时。本课程建议的知识单元和学时安排见表 5.19。

表 5.19　"测试技术"课程知识单元和学时安排建议

知识单元(编码)	讲授学时	实验学时
测试技术基本概念(ME.TC.STT.01)	2	
检测装置的基本特性(ME.TC.STT.02)	2	
常用的传感器(ME.TC.STT.03)	6~8	2~4
位移的测量(ME.TC.STT.04)	2~4	2~4
振动的测量(ME.TC.STT.05)	2~4	2~4
信号描述(ME.TC.STT.06)	2	
滤波器(ME.TC.STT.07)	2	
信号调制(ME.TC.STT.08)	2	
连续信号的离散化与离散信号的连续化(ME.TC.STT.09)	2	
信号分析与处理(ME.TC.STT.10)	2~4	2~4

4）教学组织与要求

（1）从测试信号和测试系统特性分析入手，结合工程实际问题融入各种传感器基本原理的讲解，使学生更好地理解传感器在动态和静态物理量测试中的基本理论和方法，提高对工程测试技术课程的兴趣，了解测试技术的理论体系、思维方式和研究方法。

（2）课程的体系和内容要适应当前和今后科技发展及社会经济发展，适应面向"大机械专业口径"培养人才的需要。课程须突出实践性强的特点，在教学内容和教学方法的设计上结合工程实际。

（3）实验要求。掌握各种传感器原理及信号测试方法。实验项目4个左右：

① 应变片及电桥电路实验，理解金属箔式应变片的应变效应，比较单臂电桥与半桥电路的不同性能，了解全桥测量电路的优点。

② 差动变压器实验，了解差动变压器的原理和工作情况，初级线圈激励对差动变压器输出性能的影响，差动变压器零点残余电压补偿方法。

③ 电涡流传感器实验，了解电涡流传感器测量位移的工作原理和特性、传感器结构及其特点。

④ 悬臂梁动态特性测试实验，掌握机械振动的测量方法，通过实验掌握用稳态正弦激励的方法测试机械装置的动态特性，学会相关测量仪器的正确使用。

此外，在教师辅导下，鼓励学生自主设计实验项目，实现一些机械工程系统中常见物理量的测试，如温度测量、噪声测试等。

（4）课外学习要求。通过文献检索与网络查询，了解一些现代测试技术与系统，例如虚拟仪器、智能传感器、计算机测试系统等。通过开放实验室项目，让学生自主设计一些实验环节，达到实践的目的。通过与机械设计竞赛等结合，达到学以致用的目的。

2. 微机原理及应用

1）课程目标

（1）掌握计算机体系结构、运行原理、各组成部分的基本概念及特点，计算机中的数制转换及表达等。

（2）掌握嵌入式系统的整体设计及实现方法，能够应用实验设备仪器进行LED、显示器、算法、通信和单片机外部扩展等编程。

（3）掌握系列单片机及嵌入式系统的分析和设计方法，能够进行嵌入式系统及物联网（IoT）系统的编程和开发。

2）先修课程

高等数学、计算机基础、C语言程序设计、电工电子学。

3）建议学时和知识单元

本课程建议讲授28~40学时，实验4~8学时，总学时为32~48学时。本课程建议的知识单元和学时安排见表5.20。

表 5.20 "微机原理及应用"课程知识单元和学时安排建议

知识单元(编码)	讲授学时	实验学时
微型计算机基础(ME.TC.ETC.01)	2~4	
微处理器(ME.TC.ETC.02)	4~6	
微处理器指令系统(ME.TC.ETC.03)	4~6	2~4
嵌入式系统(ME.TC.ETC.04)	4~6	
单片机的中断系统、定时/计数器和串行口(ME.TC.ETC.05)	4~6	2~4
微处理器的外部资源扩展(ME.TC.ETC.06)	10~12	

4) 教学组织与要求

(1) 通过课堂讲授、课程实验、专题讨论、作业测验等多种教学方式,培养学生正确建立嵌入式计算机系统的整体概念,理解软硬件间的辩证关系,突出系统设计的共性规律和基本方法。掌握外部资源的扩展方法,应用汇编语言和 C 语言编程,重点放在如何根据具体要求来确定系统软硬件结构,强调能够基于特定功能需求对嵌入式计算机系统进行整体设计。

(2) 课程的体系和内容要适应当前和今后科技发展及社会经济发展,适应面向"大机械专业口径"培养人才的需要。注重对先修课程(C 语言程序设计、电工电子学等)所学知识的综合与应用;加强综合设计能力的培养,引导学生运用相关创新方法进行机电产品的设计与制作,使学生具备较扎实的工程基础。

(3) 实验要求。掌握核心资源的基本使用方法和外部资源的扩展方法,实验项目2个。

第1组:内核资源设计的基本原理,根据要求设计电路,并编制和调试程序。例如,可单片机中断、定时/计数器和通信实验等。

第2组:控制电路的设计及编程实现,根据要求设计常用的嵌入式系统电路,能按电路图接线、查线,进行实验操作、调试控制程序。例如,可位操作实验、跑马灯实验、交通信号灯实验、工业机器人的步态调控系统设计等。

(4) 课外学习要求。查阅资料,更全面地了解微机的发展历史、我国在计算机领域的主要成就及其对国计民生的重要影响;理解微机总线结构的益处,明确汇编各种寻址方式的实际意义;掌握芯片地址确定方式,学会 I/O 接口的实际应用并利用仿真平台自主完成微机控制系统设计;全面了解嵌入式控制器的国内外发展状况及我国在芯片设计及制造方面的瓶颈问题。

3. 控制工程基础

1) 课程目标

(1) 掌握自动控制系统数学建模的方法,能够建立机电液自动控制系统数学模型。

(2) 掌握自动控制系统的误差校正与时域频域动态特性、稳态特性的基本原理和方法,能够分析自动控制系统稳定性、稳态特性和动态特性。

(3) 通过应用自动控制系统补偿校正等必要的基础知识,能够综合设计自动控制系统及其补偿校正。

2) 先修课程

大学计算机基础、高等数学、大学物理、线性代数、电工电子学。

3) 建议学时和知识单元

本课程建议讲授 24~32 学时，实验 8~16 学时，总学时为 32~48 学时。本课程建议的知识单元和学时安排见表 5.21。

表 5.21 "控制工程基础"课程知识单元和学时安排建议

知识单元（编码）	讲授学时	实验学时
控制系统的基本概念(ME.TC.ETC.07)	2	
控制系统模型(ME.TC.ETC.08)	4	
控制系统的数学建模(ME.TC.ETC.09)	4~6	
时间响应与误差分析(ME.TC.ETC.10)	4~6	2~4
系统的频域特性分析(ME.TC.ETC.11)	4~6	2~4
系统的稳定性(ME.TC.ETC.12)	2~4	2~4
控制系统的综合与校正(ME.TC.ETC.13)	4	2~4

4) 教学组织与要求

（1）以线性定常连续、单输入单输出闭环控制系统为主线，以反馈控制原理的应用以及分析和设计的一般规律为重点，突出设计的共性规律和基本方法。注重对先修课程（高等数学、大学物理、线性代数等）所学知识的综合与应用，加强创新设计和综合设计能力的培养；强调多方案设计、再设计的思想，用 MATLAB 软件充实教学内容和改进教学手段；使学生具备较扎实的工程基础。

（2）课程的体系和内容要适应当前和今后科技发展及社会经济发展，适应面向"大机械专业口径"培养人才的需要。破除片面追求科学体系完整的观点，不强调设计理论的完整性，强调共性规律，避免穷举式列举教学内容；强调设计思想、设计方法和创造性思维能力的培养，重视工程应用教育；以闭环控制系统为主线，适度扩大教学内容的专业适应面，适当引入本课程领域中一些新的科技内容及 MATLAB 软件在控制系统方案设计中的应用。

（3）实验要求。掌握自动控制系统性能分析和补偿校正的基本实验方法。实验项目 4 组，可从以下项目中选取。

第 1 组：典型环节动态性能实验。要求学生了解和掌握各典型环节模拟电路的构成方法、传递函数表达式及输出时域函数表达式；观察和分析各典型环节的阶跃响应曲线，了解各电路参数对典型环节动态特性的影响。

第 2 组：二阶系统瞬态响应和稳定性。要求学生了解和掌握典型二阶系统模拟电路的构成方法；研究 I 型二阶闭环系统的结构参数——无阻尼振荡频率和阻尼比对过渡过程的影响；掌握欠阻尼 I 型二阶闭环系统在阶跃信号输入时的动态性能指标计算；观察和分析 I 型二阶闭环系统在欠阻尼、临界阻尼、过阻尼时的瞬态响应曲线，以及在阶跃信号输入时的动态性能指标值，并与理论计算值比较。

第 3 组：二阶闭环系统的频率特性。要求学生了解和掌握 I 型二阶闭环系统中对数幅频特性和相频特性、实频特性和虚频特性的计算；了解和掌握欠阻尼 I 型二阶闭环系统中的无阻尼振荡频率和阻尼比对谐振频率和谐振峰值的影响，及谐振频率和谐振峰值的计算；了解和掌握 I 型二阶闭环系统对数幅频曲线、相频曲线和奈奎斯特曲线的构造及绘制方法。

第 4 组：闭环系统校正实验。要求学生研究串联超前校正环节和串联滞后校正环节对系统稳定性和过渡过程的影响；熟悉和掌握系统过渡过程的测量方法。

建议开设部分选做、提高性实验项目。提倡开设运用现代测试技术,由学生自行构思实验方案的设计型、综合性实验项目。提倡实验环节独立设课,按课程要求进行考核。

(4) 课外学习要求。为解决授课学时少、授课内容多的矛盾,在有限的教学时间里较好地完成授课任务,应做到重点突出、精讲多练,尽量使用现代教学手段如多媒体教学等,在增加信息量的前提下保证教学质量。采用翻转课堂的方法,培养学生的自学能力,在教学中力求把每章节的内容在结构上联系起来、系统起来。课堂上增加讨论,调动学生的学习兴趣及主观能动性,拓展课外学习能力。

计算机知识和应用是培养学生能力的重要方面,本课程要适当安排学生在课外采用计算机仿真(数字仿真)来模拟各种类型系统的工作,用 MATLAB 软件对系统进行计算,分析不同的 PID 参数对系统动静态特性的影响。

4. 液压与气压传动

1) 课程目标

(1) 掌握典型液压元件结构和工作原理,能够对典型液压元件进行原理分析、结构分析和性能分析。

(2) 掌握气压传动基础知识,能够对典型气动元件进行结构性能分析。

(3) 掌握液压、气压传动基本回路组成,能够分析典型液压回路的工作原理。

(4) 能够设计基本液压元件、典型液压系统方案以及基本气动元件、典型气压系统方案。

2) 先修课程

高等数学、大学物理、材料力学、工程流体力学、机械原理、机械设计。

3) 建议学时和知识单元

本课程建议讲授 24~32 学时,实验 8~16 学时,总学时为 32~48 学时。本课程建议的知识单元和学时安排见表 5.22。

表 5.22 "液压与气压传动"课程知识单元和学时安排建议

知识单元(编码)	讲授学时	实验学时
气压与液压传动基础知识(ME.TC.ETC.14)	4~6	
气动装置、元件与基本回路(ME.TC.ETC.15)	8~10	4~6
液压系统组成(ME.TC.ETC.16)	6~8	2~4
液压基本回路(ME.TC.ETC.17)	6~8	2~6

4) 教学组织与要求

(1) 以典型液压元件和系统为主线,重点学习原理分析、结构设计和系统分析方法。注重对先修课程所学知识的综合与应用;加强创新设计和综合分析能力的培养;强调机液一体化分析、系统综合分析的思想;用 CAD 技术充实教学内容和改进教学手段;培养学生具备较扎实的工程基础。

(2) 课程的体系和内容要适应当前液压气动行业发展及国内社会经济发展,适应面向"大机械专业口径"培养人才的需要。破除片面追求科学体系完整的观点,不强调整体的完整性,强调原件和系统之间的共性规律,避免面面俱到地列举教学内容;强调分析思路、分析方法和"举一反三"的创造性思维能力的培养,重视工程应用教育;以典型的液压原件和系统为主线,适度扩大教学内容的专业适应面,适当引入当代液压气动领域中的一些与电磁电子技术相结合的新内容(如机电液一体化、电动液压技术等)在液压气动方案设计中的应用。

(3)实验要求。掌握典型液压元件的基本实验方法。实验项目2组。

第1组：典型液压元件拆装。例如,单向阀、换向阀、溢流阀和小型液压油源的拆装等。

第2组：典型液压元件和系统的动态特性。例如,换向阀、伺服阀、电液激振系统的阶跃和频率响应等。

建议适当开设部分选做、提高性实验项目。提倡开设运用现代测试技术、由学生自行构思与生活密切相关的液压气动设计型、综合性实验项目。提倡实验环节独立设课,按课程要求进行考核。

(4)综合大作业要求。按照一个典型液压系统的功能要求,综合运用所学知识,拟定系统的原理方案,并对其中的主要元件进行分析和设计。通过综合作业这一实践环节,使学生更好地掌握和加深理解本课程的基本理论和方法,进一步提高学生查阅技术资料、绘制工程图和应用三维软件等能力,特别是加强培养学生的创新意识和分析问题、解决问题的能力。学生应在教师指导下独立完成设计任务,要求绘制系统原理图、主要元件图纸和撰写设计报告。

5. 机电传动与控制

1）课程目标

(1)掌握各种类型的电动机原理,具备电动机的选用能力以及应用能力。

(2)掌握常用控制电器原理及类型,具备控制电器的选用能力以及应用能力。

(3)掌握各种类型的电力电子驱动元件及其电路的工作原理,具备电力电子驱动元件选用能力以及应用能力。

(4)掌握各种电动机的机械特性方程,具备对机电系统动力需求进行静态分析和动态分析的能力。

(5)了解电机驱动中开环、闭环控制系统的工作原理、特点、特性及应用场合,具备电动机控制系统分析和应用能力。

2）先修课程

电工电子学、控制工程基础、微机原理及应用、机械原理、机械设计、计算机控制技术。

3）建议学时和知识单元

本课程建议讲授26~40学时,实验6~8学时,总学时为32~48学时。本课程建议的知识单元和学时安排见表5.23。

表5.23 "机电传动与控制"课程知识单元和学时安排建议

知识单元(编码)	讲授学时	实验学时
机电传动控制概述(ME.TC.ETC.18)	1~2	
机电传动系统的动力学基础(ME.TC.ETC.19)	3~4	
直流电动机的工作原理及特性(ME.TC.ETC.20)	2~4	3~4
交流电动机的工作原理及特性(ME.TC.ETC.21)	4~6	3~4
控制电动机(ME.TC.ETC.22)	4~6	

续表

知识单元（编码）	讲授学时	实验学时
直流传动控制系统（ME.TC.ETC.23）	4~6	
交流传动控制系统（ME.TC.ETC.24）	4~6	
步进和伺服驱动系统（ME.TC.ETC.25）	4~6	

4）教学组织与要求

（1）课堂教学主要讲解机电传动控制系统运动学方程、负载特性、稳定运行条件、交直流电动机原理及机械特性、启动制动和调速、直流闭环控制的概念及具体的应用。

（2）以电动机为主线，重点讲授机电传动系统力学基础、电动机原理与特性、开关逻辑控制、调速控制、位置控制等机电传动系统基本知识。通过课堂讲授、课堂讨论、课外作业、单元综合练习或在线课程教学、参与科研项目等活动，重点培养学生对机电系统工程问题的分析能力、一般机电系统的设计开发能力和机电系统工程实践能力。

（3）实验要求。掌握电动机特性测试方法，实验项目2组。

第1组：直流电动机外特性测试。通过实验，使学生掌握直流电动机启动、调速操作；掌握直流电动机外特性测试的基本方法及他励式直流电动机外特性曲线形状；掌握直流电动机-直流发电机拖动机组的组成。

第2组：交流电动机工作特性测试实验。通过实验，使学生掌握三相交流鼠笼式异步电动机降低定子电压启动操作；掌握三相交流鼠笼式异步电动机外特性测试的基本方法及外特性曲线形状；掌握三相交流鼠笼式异步电动机-直流发电机拖动机组的组成。

6. 计算机控制技术

1）课程目标

（1）掌握计算机控制系统中的数据输入输出通道相关技术。能够根据计算机控制系统的具体需求，按既定设计目标实现计算机控制系统中测量单元、信息处理单元和执行单元的设计。

（2）掌握计算机控制系统中常见的数字PID控制器的设计和参数整定，能够根据具体的计算机控制工程问题采用PID控制算法进行分析、计算、设计与仿真。

（3）掌握计算机控制系统中的最小拍数字控制器的设计、无纹波数字控制器的设计和纯滞后系统的控制器的设计，能够根据自动化控制系统的具体需求，按既定设计目标设计控制决策算法，并通过仿真、实验等手段评估算法的有效性。

（4）掌握计算机控制系统的工程设计方法，能够将计算机控制技术应用于自动化领域的工程设计和系统开发。

2）先修课程

C语言程序设计、电子技术基础、电工技术基础、控制工程基础、微机原理及应用、嵌入式系统技术。

3）建议学时和知识单元

本课程建议讲授26~36学时，实验8~12学时，总学时为32~48学时。本课程建议的知识单元和学时安排见表5.24。

表 5.24 "计算机控制技术"课程知识单元和学时安排建议

知识单元(编码)	讲授学时	实验学时
计算机控制的基本概念(ME.TC.ETC.26)	2~4	
计算机控制系统的组成(ME.TC.ETC.27)	6~8	2~3
数字程序控制技术(ME.TC.ETC.28)	6~8	2~3
数字控制器的连续化设计技术(ME.TC.ETC.29)	6~8	2~3
应用程序设计与实现技术(ME.TC.ETC.30)	6~8	2~3

4) 教学组织与要求

(1) 以计算机控制技术的现状和发展趋势为主线,培养学生重点掌握计算机控制系统中基本输入输出技术、过程通道的设计方法,掌握计算机控制系统中的 PID 控制与参数整定方法和数字控制器的各种设计方法;掌握现代计算机控制系统实际工程应用解决方案,具备解决计算机控制系统相关复杂工程问题的能力;具有设计计算机控制系统软、硬件的能力,为毕业后从事计算机控制应用系统的设计和科研工作打好基础。

(2) 课程的体系和内容要适应当前和今后科技发展及社会经济发展,适应面向"大机械专业口径"培养人才的需要。注重对先修课程(电子技术基础、微机原理及应用等)所学知识的综合与应用;加强综合设计能力的培养,引导学生运用相关创新方法进行机电产品的设计与制作,使学生具备较扎实的工程基础。

(3) 实验要求。掌握计算机控制系统的工程设计能力;具有根据计算机控制系统设计的原则和步骤针对计算机控制系统的可靠性进行评估和评价的能力,实验项目 3 组。

第 1 组:数/模转换和模/数转换实验。根据要求设计电路,并编制和调试程序。掌握计算机控制系统的模拟输入、输出通道技术和数据采集技术。

第 2 组:采样与保持实验及数字滤波实验。掌握计算机模拟量输入通道中,模拟信号到计算机控制的离散信号的转换和采样过程。掌握数字滤波原理及方法,观察和分析各种数字滤波的滤波效果。

第 3 组:电动机控制实验。根据电动机控制的基本原理,掌握计算机控制调速方法。编写和修改电动机闭环调速的程序。

第 4 组:PID 控制实验。了解数字 PID 算法的工程实现,研究 PID 控制器的参数对系统的影响,掌握 PID 控制器参数的整定方法。研究非线性 PID 控制器的参数对系统的影响,掌握积分分离 PID 控制器参数的整定方法。

5.3.5 制造赋能技术知识领域中的相关课程

5.3.5.1 概述

智能制造作为机械工程发展的一个高级阶段,将现代制造技术与新一代信息技术、智能技术深度融合,贯穿于智能设计、智能生产、智能服务、智能制造系统集成等全过程,内容既包含了数据获取与处理、数据驱动、建模与仿真、智能感知与控制、智能加工、智能优化与调度等核心技术,又涉及工业互联网络、智能制造云平台等支撑技术。因此,制造赋能技术知识领域是机械工程专业课程体系的重要组成部分。该知识领域充分考虑了当代机械工程师应具备的智能制造相关的基础知识和应用能力,力求在基础理论、专门知识、工程应用能力等方面对学生进行培养和训练。不同学校可根据机械工程中计算机应用技术、智能制造技术的应用领域,根据所涉及的地区和行业产业特点,开设有特点、多样化的选修课程,以拓宽学生的视野和思路,为学生的个性化培养提供条件。

5.3.5.2 推荐课程方案

根据子知识领域的基本要求,将制造赋能技术知识领域中的知识单元组合成"大学计算机基础""高级语言程序设计""数据库原理与应用""数字化设计与制造技术(现代设计方法、计算机辅助制造与工艺、数字孪生技术及应用)""计算机网络与系统集成(网络通信与安全、物联网与云计算)""智能制造赋能技术基础(人工智能技术、工业大数据技术及应用)"6门基本课程,并将其作为该知识领域的推荐课程。图5.8为这6门课程的内在认知关系。

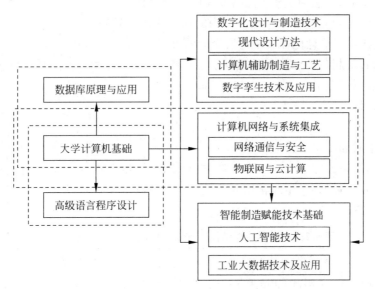

图5.8 制造赋能技术知识领域6门基本课程的内在认知关系

各校也可以结合教学改革与系列课程建设工作,跳出这6门课程的知识单元组合方式,形成体现本校特色的其他课程组合,图5.8中虚框表示可以选择的其他组合方式,如:可将"大学计算机基础""高级语言程序设计"组合为1门课程,也可以将"大学计算机基础""数据库原理与应用"组合为1门课程;还可以将"大学计算机基础""计算机网络与系统集成"组合为1门课程。当然,"数字化设计与制造技术"也可以拆解为"现代设计方法""数字孪生技术及应用"和"计算机辅助制造与工艺"3门课,"计算机网络与系统集成"可以拆解为"网络通信与安全"和"物联网与云计算"2门课,"智能制造赋能技术基础"可拆解为"人工智能技术"和"工业大数据技术及应用"2门课。

5.3.5.3 推荐课程描述

1. 大学计算机基础

1）课程目标

(1) 从科学的角度学习掌握计算思维的知识和主要方法；了解利用计算机进行问题求解的算法设计、程序设计和编程思想；能利用计算机设计解决方案，具备应用计算机解决实际问题的基本能力。

(2) 掌握计算机软硬件知识以及相关技术；掌握计算机软件知识；熟练操作计算机系统；熟练掌握计算机网络相关基础技术，具备通过计算机和网络获取信息和分析信息的能力；熟练掌握办公软件等工具，具备对信息进行管理、加工、利用的意识与能力，尤其是熟练应用计算机处理日常事务的基本能力，为学习后继相关课程打下坚实的基础。

(3) 了解信息化产业的构成与发展；掌握网络信息化社会的组成与结构；了解信息社会和技术领域的政策、法律法规；提高计算机文化素养。

(4) 了解并能自觉遵守信息化社会中的相关法律与道德规范，培养计算机方面的基本职业道德；能够掌握信息化社会中与人交流的方式，具备良好的沟通能力。

(5) 了解计算机软件和硬件的最新发展趋势，能够自主学习实用软件的使用和计算机应用领域的前沿知识。

2）先修课程

无。

3）建议学时和知识单元

本课程建议讲授 32 学时，上机 16 学时，总学时为 48 学时。体实验内容及实验时间可由学生自主决定，以增强学生对常用办公软件等的操作技能。本课程建议的知识单元和学时安排见表 5.25。

表 5.25 "大学计算机基础"课程知识单元和学时安排建议

知识单元（编码）	讲授学时	上机学时
计算机软硬件基础(ME.MET.DT.01)	20	10
计算机网络基础(ME.MET.DT.02)	2	
局域网组网(ME.MET.DT.03)	4	2
网络设计开发(ME.MET.DT.04)	4	4
网络安全(ME.MET.DT.05)	2	

4）教学组织与要求

本课程为大学生必修的公共基础课，各知识单元的取舍可根据本校实际情况确定。课堂教学应适度介绍与本课程相关的最新科技动态，提高学生对课程学习的兴趣。

本课程重点培养学生的计算思维、信息素质和计算机应用能力，是一门既有系统理论又有很强实践性的基础课程。因此，本课程的教学组织强调理论与实践的有机结合，强调计算机应用能力的综合训练，强调通过课堂讲授、课堂讨论和上机实践实现课程教学目标。

每个知识单元布置 5~7 道习题。通过解题，加深理解所学的理论知识，提高分析问题、解决问题的能力。

2. 数据库原理与应用

1) 课程目标

(1) 掌握数据库基本概念、关系数据库模型和关系代数、关系数据库标准语言(SQL)以及关系数据库设计理论、非关系型数据库等知识单元的内容。

(2) 能够进行查询设计,包括单表查询、多表查询、子查询、统计查询等;能够进行简单的数据库系统概念结构设计;能够进行关系的范式分析,具备简单应用能力。

(3) 能够完成指定需求的数据库系统的概念设计、逻辑设计、物理设计、查询设计以及范式分析等,使学生能融会各知识单元的内容,具备综合应用能力。

(4) 能够结合一种具体数据库管理系统进行基于 SQL 的基本应用开发。

(5) 了解基于云平台的数据库部署和使用,了解面向智能制造和工业物联网的时序数据库等专用数据库技术。

2) 先修课程

大学计算机基础等。

3) 建议学时和知识单元

本课程建议讲授 22~30 学时,上机 10 学时,总学时为 32~40 学时。本课程建议的知识单元和学时安排建议见表 5.26。

表 5.26 "数据库原理与应用"课程知识单元和学时安排建议

知识单元(编码)	讲授学时	上机学时
计算机数据库基础(ME.MET.DT.06)	4~6	2
关系数据库技术(ME.MET.DT.07)	8~12	4
数据库设计(ME.MET.DT.08)	10~12	4

4) 教学组织与要求

在教学过程中,可根据学校情况选择较为典型的数据库管理系统,如 ORACLE 或 SQL Server 作为上机操作平台,并将该数据库管理系统贯穿于教学始终,使得学生能够在掌握数据库基础理论的同时,学会具体软件的操作,从而具备实际操作和应用能力。可根据专业方向,介绍关系型数据库、时序数据库等在智能制造软件平台中的应用。

在查询设计中应与关系代数结合,使学生能够根据关系代数式写出查询语句,以及分析查询语句列出关系代数式,以促进对关系代数和查询设计的理解与掌握。在数据库设计的教学中,应使学生掌握手绘设计图的能力,视情况可选用 Rational Rose、PowerDesigner 等软件工具辅助完成数据库设计。

实践性教学环节可以通过讨论、安排上机操作和大作业等方式进行。

3. 高级语言程序设计

1) 课程目标

(1) 掌握高级结构化程序设计的基础理论和方法,能够列举变量的定义与使用、基本的语法词法,理解程序的基本控制结构,运用相关语言的集成开发环境编写程序,熟悉函数的定义规则与参数传递方式，能够将实际工程问题转化为计算机场景下的高级语言程序，基于数学逻辑对问题进行分析，并设计程序化解决方案。

（2）理解数组与指针的用法，能够掌握以数组作为函数参数的调用机理，能够对字符串或数据进行操作处理，熟悉文本文件输入输出操作，能够合理定义结构类型，理解类的概念、定义和方法，初步掌握面向对象的编程思想和方法。

2）先修课程

大学计算机基础等。

3）建议学时和知识单元

本课程是一门实践性非常强的课程，可选择 C++、Python 等高级语言开展教学，各语种的建议学时数如下：

（1）C++语言程序设计。本课程建议讲授 28～36 学时，上机 12 学时，总学时为 40～48 学时。C++语言程序设计课程建议的知识单元和学时安排见表 5.27。

表 5.27 "C++语言程序设计"课程知识单元和学时安排建议

知识单元（编码）	讲授学时	上机学时
计算机程序设计基础（ME.MET.DT.09）	4	
计算机数据类型及函数（ME.MET.DT.10）	10	4
C++程序设计（ME.MET.DT.11）	14～22	8

（2）Python 语言程序设计。本课程建议讲授 28～36 学时，上机 12 学时，总学时为 40～48 学时。Python 语言课程建议的知识单元和学时安排见表 5.28。

表 5.28 "Python 语言程序设计"课程知识单元和学时安排建议

知识单元（编码）	讲授学时	上机学时
计算机程序设计基础（ME.MET.DT.09）	2	
计算机数据类型及函数（ME.MET.DT.10）	10	4
Python 程序设计（ME.MET.DT.12）	14～22	8

对编程能力要求较高的专业可安排 1 个学分的课程设计环节。

4）教学组织与要求

高级语言程序设计是一门重要的专业基础课，学生应通过上课、自学、实验、项目设计等环节，初步受到程序设计方法、技巧、风格和素养的训练。各知识单元的取舍可根据本校实际情况而定。课堂教学应适度介绍本课程在该专业程序设计中的应用，提高学生对课程学习的兴趣。

本课程应将理论教学与实验教学紧密结合，使之相互辅助，提高教学效果。理论教学时注重基本概念讲解与实例的演示，使学生可以直观而清晰地看到操作效果，加深对知识点的理解。实验教学应穿插于理论教学的全过程，采用一人一机上机操作、任课教师跟班辅导的方式，使学生有充分的机会在计算机上练习。在实验教学中，应加强常用算法的练习，例如穷举、递推、迭代、判断素数、求最大公约数、求平均值、求最大值/最小值等，以及数据的排序、查找算法、非线性方程求根、数值积分等，初步具有根据给定算法编制程序的能力。

4. 数字化设计与制造技术

1) 课程目标

（1）能够运用标准、规范、手册、图册及网络设计资源库等有关技术资料的能力；掌握典型机械零部件的 CAD 设计建模、仿真分析方法。

（2）掌握 CAD、CAE 技术及工具的内在原理、设计及分析方法，具有应用 CAD、CAE 技术及软件工具的基本设计能力；具有应用 CAD、CAE 技术进行机械零部件及系统设计建模、仿真分析及求解论证的能力。

（3）初步掌握计算机辅助工艺过程（CAPP）的原理和专家系统等技术，能够设计零件加工工艺和产品装配工艺。

（4）掌握计算机辅助制造（CAM）技术，掌握流行商业化软件平台提供的自动加工程序生成技术，能够运用这些软件之一实现典型零件的数控程序的自动生成、仿真并最终完成零件加工。

（5）掌握数字孪生的概念、内涵，了解产品、生产过程、制造和运维的数字孪生定义与实现方法。

（6）了解现代 CAD 技术发展的新趋势，了解 CAD 技术与 CAE、CAPP、CAM、数字化工厂之间的关系，了解国家当前有关技术的经济政策及企业产品开发组织模式，树立正确的设计思想。

2) 先修课程

大学计算机基础、工程图学、理论力学、材料力学、机械制造技术基础、数控技术与数控加工编程等。

3) 建议学时和知识单元

本课程建议讲授 32~40 学时，上机 16 学时，总学时为 48~56 学时。采用理论讲授、上机实践和课外强化相结合的方式，全面提高学生对 CAD/CAM 技术的综合运用能力。本课程的建议知识单元和学时安排建议见表 5.29。

表 5.29 "数字化设计与制造技术"课程知识单元和学时安排建议

知识单元（编码）	讲授学时	上机学时
计算机辅助设计（CAD）（ME. MET. DT. 13）	6	2
计算机辅助工艺（CAPP）（ME. MET. DT. 14）	4~6	2
计算机辅助制造（CAM）（ME. MET. DT. 15）	6~8	4
计算机辅助工程（CAE）（ME. MET. DT. 16）	8~10	4
数字孪生（ME. MET. DT. 17）	8~10	4

4) 教学组织与要求

本课程既有计算机图形学、数据结构等相关理论知识的学习，又有实践性很强的计算机操作训练。在教学过程中，可根据具体情况选择某种商业化软件系统，开展三维实体建模和数控编程系统的学习和使用，根据具体情况选择某一常用 CAE 软件系统，重点讲述 CAE 建模技术、加载、求解和后处理等。

（1）在计算机辅助设计（CAD）知识单元的理论教学和实验教学中，要求学生在熟练掌握计算机图形学和几何建模、曲线和曲面以及几何模型的数据结构等基础理论知识的基础上,能够完成拉伸、旋转、扫描和放样等单一的造型方法。此外,还需要掌握复杂零件的复合造型方法。

(2) 在计算机辅助工艺过程(CAPP)知识单元的理论教学和实验教学中,要求学生掌握成组技术的基本概念和基本的编码系统,掌握计算机辅助工艺的常用方法,学习并掌握用常用的软件平台生成典型零件的加工工艺。

(3) 在计算机辅助制造(CAM)知识单元的理论教学和实验教学中,要求学生理解并掌握刀具轨迹的规划方法,掌握从刀具选择、刀具路径规划到最终生成数控程序的整个流程以及软件平台的运用,具备采用软件平台生成车削和铣削零件的数控程序的能力。

(4) 在 CAD/CAM 集成技术单元的实验教学中,要求学生掌握从设计、工程图生成到产品装配和零件加工程序生成的完整的软件运用能力。

(5) 实验和作业:安排 16 学时的上机操作。

(6) 大作业要求:以一个中等复杂的产品为对象,要求学生完成该产品的各个组成零件的三维建模、工程图的生成、产品的装配以及采用 CAM 完成其中的非标零件数控编程,然后在数控机床上实现这些零件的实际加工,或采用快速成型技术完成产品的快速制造。

课程中安排的学时仅能完成应用方法和关键问题的练习,如需完全掌握 CAD/CAM 软件系统的使用,高质量完成课程大作业,则需要强调课后实践环节的重要性。

(7) 课后针对某一常用 CAE 软件的建模技术、加载和求解、后处理等内容安排相应的练习题。

实践性教学环节:增加学生课后上机操作的时间,课程中安排的学时仅能完成应用方法和关键问题的练习,如需完全掌握 CAE 软件系统的使用,则需强调课后实践环节的重要性,督促学生多进行课后上机操作。

5. 计算机网络与系统集成

1) 课程目标

(1) 掌握计算机网络的基本原理和构建技术,能够组建、规划和管理局域网;掌握基本的网络编程开发技术,能够设计、建设网站。

(2) 掌握数据通信的基本原理、计算机网络的体系结构模型,初步掌握各协议层的基本功能和实现方法。掌握模型中的基本网络协议和网络应用中的常见协议,能够开展计算机网络接入工作。

(3) 结合智能制造需要,掌握工业网络架构、网络化控制系统、IT 网络和 OT 网络融合、物联网协议等基本知识。

(4) 了解计算机网络在工业领域中的应用,能够综合考虑社会、经济、安全、法律法规、工程伦理、文化、环境等因素,树立正确的设计思想,突出创新意识和创新思维的培养;能够阅读计算机网络协议标准原始文档,在跨文化背景下能就计算机网络的专业问题进行沟通和交流。

(5) 了解云计算的基本概念与系统构成,熟悉工业云平台的系统构成与作用,掌握云计算架构及标准化的相关概念,掌握云计算主要支撑技术。

(6) 了解边缘计算概念,熟悉边缘计算框架、边缘数据汇聚和存储管理、边缘协同技术,边缘计算在机械制造业中应用案例。

2）先修课程

大学计算机基础等。

3）建议学时和知识单元

本课程建议讲授 30~36 学时，实验 10~12 学时，总学时为 40~48 学时。本课程建议的知识单元和学时安排见表 5.30。

表 5.30 "计算机网络与系统集成"课程知识单元和学时安排建议

知识单元(编码)	讲授学时	上机学时
计算机网络基础(ME.MET.DT.02)	2~4	
工业网络架构概述(ME.MET.NT.01)	2	
现场总线和工业以太网(ME.MET.NT.02)	2	
网络化控制系统(ME.MET.NT.03)	2	2
新型工业网络(ME.MET.NT.04)	2	
IO/OT 网络融合(ME.MET.NT.05)	2	2
物联网协议和设备上云(ME.MET.NT.06)	2	
工业网络安全(ME.MET.NT.07)	2	
云制造概念及工业互联网平台架构(ME.MET.NT.08)	2	
物联网云平台(ME.MET.NT.09)	2	
PaaS 平台配置与管理(ME.MET.NT.10)	2	2
CPS 架构和总线(ME.MET.NT.11)	2	
标识解析与数据字典(ME.MET.NT.12)	2	
云平台建设及安全(ME.MET.NT.13)	2~4	2
边缘计算框架(ME.MET.NT.14)	2~4	2~4

4）教学组织与要求

计算机网络是现代制造系统特别是企业管理信息系统的基础支撑技术。在教学过程中，课堂讲授部分可使学生参与其中，鼓励学生就某一专题收集、整理、汇编相关资料，在课堂上与其他同学分享，由教师和学生点评，以锻炼学生的文献综合、书面表达和口头表达能力。建议作业以小论文的形式完成，论文应符合某一规定的格式。实践性教学环节可以通过实物操作演示、实地参观、动手操作等教学手段进行。建议降低笔试成绩在总成绩中的比例，提高课堂活跃程度、作业和实验成绩的比例。

6. 智能制造赋能技术基础

1）课程目标

（1）掌握人工智能研究领域的基本概念、原理和方法，熟悉人工智能领域典型问题的形式和人工智能方法解决问题的典型思路，了解人工智能方法和工程领域其他方法之间的异同，并能针对问题的特殊性选择合适的人工智能建模和处理方法。

（2）了解神经网络的基本概念、原理和方法，掌握浅层神经网络 BP 的基本原理和参数优化方法,掌握卷积神经网络的基本结构和迁移学习基本原理,能够解决机械工程中的实际问题。

（3）掌握工业大数据的基本概念,掌握大数据的采集、预处理、存储、分析的基本原理与系统,了解大数据的应用场景,能够运用主流的大数据体系架构。

2）先修课程

大学计算机基础、高级语言程序设计、数字化建模与仿真等。

3）建议学时和知识单元

本课程建议讲授24~32学时,实验8~16学时,总学时数为32~48学时。本课程建议的知识单元和学时安排见表5.31。

表5.31 "智能制造赋能技术基础"课程知识单元和学时安排建议

知识单元（编码）	讲授学时	上机学时
人工智能中的基础算法(ME.MET.IT.01)	4	
机器学习(ME.MET.IT.02)	2~4	2~4
智能感知(ME.MET.IT.03)	2	
智能决策与控制(ME.MET.IT.04)	2~4	2~4
人工智能工业应用(ME.MET.IT.05)	2	
智慧工厂(ME.MET.IT.06)	2	
工业数据分析流程(ME.MET.IT.07)	2	
数据计算与处理(ME.MET.IT.08)	2~4	
数据分析与挖掘(ME.MET.IT.09)	2~4	2~4
数据可视化呈现(ME.MET.IT.10)	2	
工业大数据技术应用(ME.MET.IT.11)	2	2~4

4）教学组织与要求

本课程各知识单元的取舍可根据本校实际情况而定,课堂教学应适度介绍与本课程相关的最新科技动态,提高学生对课程学习的兴趣。

本课程重点讲授智能制造赋能技术的知识,是一门既有系统理论又有很强实践性的学科基础课程。因此,本课程的教学组织强调理论与实践的有机结合,强调计算机应用能力的综合训练,强调通过课堂讲授、课堂讨论和上机实践实现课程教学目标。这部分内容以介绍基本概念和相关技术在机械工程中的应用案例为主,由于学时的限制,学生掌握相关技术如何应用于机械工程即可,不一定要求学生深度掌握相关技术本身。

每个知识单元布置3~5道思考题,加深理解所学的理论知识,开阔学生的视野。

5.3.6 改革及集成课程举例

5.3.6.1 "设计与制造Ⅱ"课程案例（上海交通大学供稿）

1. "设计与制造Ⅱ"课程的构建思路与教学组织特点

"设计与制造Ⅱ"课程是上海交通大学机械工程各专业及相关专业必修的专业基础课

程,是机械与动力工程学院"设计与制造"系列课程(共4门)中承上启下的核心专业课程,面向大三学生开设。该课程是对原"机械原理""机械设计"两门上海市精品课程的融合与重塑,采用课堂教学-课外项目设计制作两条教学主线并行、贯穿一个完整学期的"双主线并行"贯穿式项目式教学方法,分中文班教学和英文班教学。课程目的在于帮助学生建构对现代机械/机器的基本认知,通过项目制作来实现机电产品涉及的机械原理、机械零件、驱动传感、能源动力等设计知识的运用,综合培养学生的社会调研和问题发现能力、课程知识运用能力、机电产品核心创新能力、团队合作能力、动手实践与劳动能力以及基本的研究分析能力,积累机电产品创新设计开发全过程的初步经验,培养学生对现代机器的原始创新设计的初步能力。该课程的知识单元组织原则与教学理念如下。

(1) 该课程教学内容主要包括基本机构、机械传动、机械结构的基本概念、基本方法,以及机械标准件、驱动器、传感器等设计选型知识,在传统机械原理、机械设计内容基础上,适当补充了现代机器的认知与实践的内容模块,通过一个完整项目的全过程实施实现课程知识的运用和综合能力的训练。

(2) 课程总体上以现代机电产品创新开发过程为教学主轴,贯穿"现代机器认知-机器运动方案设计-机构设计与分析-机械结构设计与分析-机器运行品质与运动控制"的内容线,采用基础知识的课堂传授和课前课后预/练习、课程项目设计环节的知识运用以及机械运动方案设计训练相结合的"双主线并行"贯穿式项目式教学方法,注重发挥学生主体性、设计体验性、探究性教与学,以体现"教师为主导""学生为中心"的理念,调动学生融入教学全过程的积极性和主动性。

(3) 课程教学安排以课程项目进程需要为牵引,强调机器方案设计的实践性,依据课程项目实施的不同阶段安排相应的专业知识教学,课堂教学和课外项目实施的两条教学主线彼此交织、错步并行推进,课堂教学进度适度超前课外项目实施进度,以引领和服务于课外项目的顺利实施。

(4) 课堂主要探讨现代机器、机械原理与设计的基本概念、基本方法,训练探究性思维习惯,引导学生构建对现代机器、机械原理与设计的基本理解和思维方法。专业知识教学中采用图解和解析相融合的模式,基本概念和方法的阐释以形象直观的图解方式为工具,基本机构/结构的分析和设计建模以科学严谨的解析方法为手段,教学中可以以图解方式为切入点,以解析方式完成建模,两者相辅相成、相互配合,共同引导学生构建解决现代机器运动方案设计问题的思维能力和方法体系。教学中突出了机构和结构之间、图解法和解析法之间的内在关联性和系统性,理顺了机构设计和结构设计在机器设计过程中的传承和拓展关系,在突出解析方法在不同章节中的一致性的同时,发挥图解法在对基本概念、方法的理解和思考中的重要作用。

(5) 课程项目引导学生经历项目立题和调研、概念设计、详细设计、数字样机构建(机器实物样机制造和调试)、数字样机仿真运行与性能分析(机器实物样机运行和展示)的产品开发过程训练,完成一台具有特定功能和性能需求的简单机械和机器的机理研究、方案设计、性能分析、(实物或数字)样机构建、调试和运行等任务,训练学生运用专业知识发现问题、定义问题、分析问题、解决问题、创新设计新机器的专业能力。

课程教学分课内教学与课外项目实施两部分。课内教学总学时为64学时,包括课堂讲授(50学时)、实验(4学时)、项目指导和节点答辩(10学时);课外项目由课外时间同步实施(80学时、贯穿16个教学周)。

2. 课程目标

结合学校"价值引领、知识探究、能力建设、人格养成"四位一体人才培养理念和机械工程专业"新工科"建设要求,制订该课程总体目标如下。

(1) 价值引领。理解制造强国发展战略内涵,树立正确的人生价值观、责任担当意识;具有机器创新意识和勇于创新精神;树立勤于实践的劳动观念;具有精益求精的工匠精神和良好的工程职业道德。

(2) 知识探究。理解现代机器的系统构成;系统掌握常用机构和结构的基本特性、分析和设计基本方法;掌握机电运动系统力学建模和分析方法;熟悉机电产品设计过程;熟悉机械标准件、驱动器和传感器的选型设计。

(3) 能力建设。具备国内外市场调研和文献分析能力;具有简单机电系统方案构思和创新设计能力,能运用软件工具进行方案建模和分析;具有简单机电系统加工、装配及调试的动手实践与劳动能力。

(4) 人格养成。通过项目式训练,建立探究性自主学习的习惯,培养严谨务实的科学精神、清晰的沟通与表达能力、优秀的团队合作精神。

该课程具体教学目标如下:

(1) 了解现代机器的系统构成、常用机构的基本特性和设计方法,能进行给定机构的分析和设计,培养专业热情和严谨的科学精神。

(2) 能完成机电运动系统的力学分析,以及通用零件结构分析计算,培养精益求精的大国工匠精神。

(3) 了解机电产品设计过程,按照功能要求进行机电系统方案设计和机械标准件、驱动器、传感器等选型设计,培养敢于创新和善于创新的科学精神。

(4) 能应用Matlab、ADAMS、UG等软件工具进行设计方案建模和仿真分析,具有简单机电系统加工、装配及调试能力。

(5) 能根据国计民生需要进行项目立题,以小组团队合作的形式进行机电产品设计,分工明确,相互配合,合作完成项目设计与制作任务,培养团队合作精神、劳动习惯和品质,培养科技报国的家国情怀和使命担当。

(6) 能查找国内外相关产品和技术文献,进行市场调研和需求分析,把握相关国内外发展现状、技术前沿和热点,培养严谨的科学精神。

3. 先修课程与后续课程

1) 先修课程

理论力学、材料力学、工程材料、设计与制造Ⅰ等。

2) 后续课程

设计与制造Ⅲ(毕业设计)等。

4. 建议学时和知识单元

"设计与制造Ⅱ"课程的教学内容、讲授学时及考查方式等见表 5.32。

表 5.32 "设计与制造Ⅱ"课程安排

章节	教学内容（要点）	教学目标	课堂讲授学时	教学形式	作业及要求	考查方式
第 1 章	课程总体介绍、机电产品系统构成与开发流程	对课程及机电产品有总体认知，能分析现代机器的基本构成	4	课堂讲授与互动	—	项目评分
项目指导-第 1 节点	布置项目设计要求/分组	了解项目总体安排，分组及调研要求	1	课堂讲授与互动	分组、立题调研、头脑风暴	—
第 2 章	机构自由度与常用机构简介	能绘制机构运动简图、计算机构自由度，了解常用机构及其工作原理，在项目概念设计中应用	4	课堂讲授与互动	课后作业；探究性大作业；掌握自由度计算方法	作业评分 大作业评分
Lab1：机构认知与简图绘制		能绘制指定机器的机构运动简图	2	实验师辅导与动手实验	撰写实验报告并提交	实验评分
项目节点答辩 1：立题答辩	项目评审Ⅰ【项目立题评估-需求与技术规范】	完成项目立题可行性报告和立题答辩	2	小组汇报和答辩	提交项目可行性报告，按小组、全体组员参加汇报	项目评分
项目指导-第 2 节点	方案设计-概念设计介绍	了解概念设计过程和方法	1	课堂讲授与互动；课外按需预约获取实验中心的个性化指导	课外项目；本阶段可通过实验中心网上预约系统按需预约	—
第 3 章	平面连杆机构及其设计	掌握平面连杆机构基本概念，能完成连杆机构设计	6	课堂讲授与互动	课后作业；掌握连杆机构分析和设计方法	作业评分
第 4 章	凸轮机构及其设计	掌握凸轮机构基本概念及设计方法	4	课堂讲授与互动	课后作业和虚仿实验；掌握凸轮机构分析和设计方法	作业评分 实验评分
第 1 次习题课		阶段性回顾	1	课堂互动	—	—
第 5 章	齿轮机构与传动：齿轮机构与轮系部分	掌握齿轮机构基本概念、选型及轮系计算方法	11	课堂讲授与互动	课后作业；掌握齿轮机构分析和设计方法	作业评分

续表

章节	教学内容（要点）	教学目标	课堂讲授学时	教学形式	作业及要求	考查方式
项目第2节点-答辩	项目评审Ⅱ【概念设计方案评估】	完成项目概念方案设计及报告撰写、答辩	2	小组汇报和答辩	提交阶段性报告，按小组、全体组员按任务分工汇报	项目评分
第5章	齿轮机构与传动：机械设计概论部分	了解结构与强度基本知识	1	课堂讲授与互动	—	作业评分
项目指导-第3节点	方案设计-详细设计介绍	了解项目详细设计流程及安排	1	课堂讲授与互动；课外按需预约获取实验中心的个性化指导	课外项目；本阶段可通过实验中心网上预约系统按需预约	项目评分
第5章	齿轮机构与传动：齿轮传动部分	了解齿轮结构与强度设计基本知识	4	课堂讲授与互动	课后作业；掌握连杆机构分析和设计方法	作业评分
第6章	轴及其结构设计	了解轴设计基本知识	2	课堂讲授与互动	课后作业；掌握结构设计知识，能分析计算	作业评分
Lab2：减速器分析与设计		通过实验，能进行减速器分析与设计	2	实验师辅导与动手实验	撰写实验报告并提交	实验评分
第7章	轴承及其选用	了解轴承选用和计算的知识	2	课堂讲授与互动	课后作业；掌握选型知识，能分析计算	作业评分
第8章	联接与螺旋传动	了解螺旋传动基本知识；了解联接基本知识	3	课堂讲授与互动	课后作业；掌握选型知识，能分析计算	作业评分
第9章	带传动与链传动	了解带传动和链传动的基本知识和选型依据	3	课堂讲授与互动	课后作业；掌握选型知识，能分析计算	作业评分
第10章	传感器及其选型	了解传感器选型基本知识	课外	课程项目环节自学	课程项目运用传感器选型知识	项目评分

续表

章节	教学内容（要点）	教学目标	课堂讲授学时	教学形式	作业及要求	考查方式
第11章	原动机及其选型	了解典型原动机特性、电动机选型基本知识	课外	课程项目环节自学	课程项目运用电动机等原动机选型知识	项目评分
第2次习题课		总结和复习	2	课堂互动	—	—
项目第3节点-答辩	项目评审Ⅲ【详细设计方案评估】	完成详细设计报告、答辩	2	小组汇报和答辩	提交阶段性报告，按小组、全体组员按任务分工汇报	项目评分
项目指导-第4节点	项目制作指导	了解项目制作场地、设备及服务	4	课外按需预约获取实验中心的个性化工程化规范指导	课外项目；本阶段可通过实验中心网上预约系统按需预约	项目评分
期末考查			考试周课外			考试评分
项目第4节点-答辩	项目评审Ⅳ【样机演示与项目评估】	完成技术报告撰写及答辩、原型样机演示	考试周课外	小组汇报和答辩	综合报告，按小组、全体组员按任务分工汇报	项目答辩样机演示
学院课程项目展【原型样机展演与评优】	原型样机展演，专家评优		考试周课外	样机展演、评优答辩	上午布展下午展演	项目展演评优答辩专家组评分

5. 评价方式

"设计与制造Ⅱ"课程的考核采用全过程、全要素评价的综合性课程考核方式，将课程考核分散到课堂教学、课外项目实施两条教学主线的各环节，以保障"学生中心""两性一度"的达成（见表5.33）。

1) 课堂教学（占课程综合成绩的50%）

专业知识学习对应课堂教学主线，包括平时、期末、实验三部分成绩：①平时成绩由平时作业和练习、探究性大作业、虚拟仿真实验等构成，占课程综合成绩的20%；②期末考试采用半开卷，允许携带1张A4纸的手写资料，避免死记硬背，占课程综合成绩的25%；③实验由实验中心安排，占课程综合成绩的5%。

2) 课程项目（占课程综合成绩的50%）

设计制作对应课外项目实施主线，鼓励创新思维和发明创造，培养精益求精的工匠精神。成绩构成包括：①设计与原型制作，占课程综合成绩的30%；②项目报告与答辩，占课程综合成绩的20%。上述两项均按照每周1次进展汇报、4个关键节点答辩、1次期末实物样机演示评比进行综合评价。

表 5.33 "设计与制造Ⅱ"课程目标与考核方式的对应关系

课程目标		1	2	3	4	5	6	考核环节成绩所占比例/%
课堂教学	平时成绩	≈10	≈10					20
	期末考试	≈12.5	≈12.5					25
	实验	2.5	2.5					5
课程项目	设计与制作			≈16	≈14			30
	答辩与报告					≈14	≈6	20
课程目标所占比例/%		≈25	≈25	≈16	≈14	≈14	≈6	

5.3.6.2 "机械设计理论与方法(二)"课程案例(华中科技大学供稿)

1. "机械设计理论与方法(二)"课程的构建思路与教学组织特点

"机械设计理论与方法(二)"是华中科技大学机械设计模块系列课程(共3门)之一。该课程通过对"机械原理""机械设计"的知识单元进行重组并经多年教学与实践,在注重机械设计理论与方法的基础性、实用性、整体性、科学性和先进性的基础上,结合机械设计学科的前沿和工程、科研实际,从追求知识、素养和能力三位一体化育人的教育,强调培养学生的大系统观、大工程观、宏观思维等需求出发,突出系统设计理念,力图以统一的概念框架,建立理解、认识、分析、设计现代机械产品的基本思路和方法;强调系统、协调、综合、集成的设计观点;强调所学知识的贯通和机械专业知识的综合运用。该课程的知识单元组织原则与教学理念如下。

(1)介绍机械设计学的体系、设计理念和方法,增加机械及机械设计发展历史、趋势的介绍,增加机械设计与工程伦理、法律法规等非技术因素等方面的知识。

(2)根据机械设计的一般过程,按照"总论-整机-机构-部件-零件"的思路讲授,增加系统集成设计和总体设计内容,重点介绍机械产品的系统集成设计理论和方法,尤其是当今一些重要、通用零部件的选配原则和习惯;增加部件设计内容,尤其是RV减速器、运动平台等当前新型结构总成的设计知识。

(3)重点介绍在实践中广泛应用的三大类设计准则(结构强度设计、结构刚度设计、结构稳定性设计),增加结构刚度及振动稳定性分析方面的知识。

(4)面向功能原理设计阶段,重点介绍常用机构及运动学、动力学分析与设计,以及机构创新设计方法;面向详细设计阶段,分门别类讨论通用机械零部件的设计方法,如零部件的工作原理、工作能力、参数设计、结构设计、制造工艺等,但在介绍过程中贯穿结构刚度设计和结构稳定性设计内容。

(5)适当减少挠性传动、弹簧设计、制动器设计等传统内容。

课程教学分课内与课外两部分,课内教学总学时为88学时,包括课堂讲授(76学时)、现场教学(4学时)、实验(8学时),另外配套"机械设计创新训练"(4周)。

2. 课程目标

"机械设计理论与方法(二)"是一门培养学生机械设计能力的技术基础课,是机械类各专业培养方案中的主干课程。本课程在立德树人方面着重培养学生马克思主义辩证唯物主义和历史唯物主义思想、探索未知追求真理的科学精神、可持续发展的设计思想,强化工程伦理教育,在教学内容方面应着重传授机械设计的基本知识、基本理论和基本方法,在培养实践能力方面着重机械系统创新设计构思和综合设计技能的基本训练。

学生通过本课程的学习与实践能够获得:对于机械工程设计问题进行系统表达、建立模型、分析求解和论证的能力;应用机械工程知识分析、设计运动方案、机械零部件和一般机械系统的能力;在设计实践中使用现代设计工具的能力,从而为解决机械系统工程设计问题、从事机械设计制造及其自动化专业的设计与研究奠定良好的专业基础。

(1) 掌握机械系统运动方案设计、机械零部件设计的一般规律,掌握常用机构和通用机械零部件的工作原理、类型、参数、结构特点和设计方法等机械设计领域所需的专业基础知识。

(2) 能够综合运用机械系统运动方案设计、机械零部件设计的基本原理和方法,获取标准、规范、手册、图册等有关技术资料并结合文献研究,分析影响常用机构运动学与动力学特性的主要因素,判断机械零部件的失效形式与原因,分析影响通用机械零部件强度、刚度、稳定性等性能的主要因素,树立质量和安全意识。

(3) 掌握机械系统运动方案设计、机械零部件设计的基本设计方法和技术,了解影响常用机构和通用机械零部件设计目标与技术方案的各种因素,进行机构、运动方案、机械零部件和一般机械系统的设计与综合。

(4) 了解机械产品全生命周期的成本构成,掌握机械设计中涉及的技术经济决策方法,能够进行机械产品设计方案的评价。

3. 先修课程与后续课程

1) 先修课程

计算机与程序设计基础、理论力学(二)、材料力学(二)、工程材料学、机械设计理论与方法(一)、智能制造装备与工艺(一)、工程训练(一)。

2) 后续课程

机械设计理论与方法(三)、智能制造装备与工艺(二)、智能制造装备与工艺(三)、机械设计创新训练等。

4. 建议学时和知识单元

"机械设计理论与方法(二)"课程的知识模块与知识单元见表 5.34。

表 5.34 "机械设计理论与方法(二)"课程的知识模块与知识单元

知识模块	知识单元	课堂讲授学时	现场教学学时	实验学时
绪论	机械发展对人类社会的影响 课程学习的要求和方法	0.5		

续表

知识模块	知识单元	课堂讲授学时	现场教学学时	实验学时
机械设计总论	机械设计概述	1.5		
	机械设计中的计算与建模	3		
	机械设计中的润滑和密封	1		
机械系统总体设计	机械设计集成设计方法	2		
	机械系统总体方案设计	2		
机构设计	机构具有确定运动的条件	2		
	平面连杆机构设计	4		
	凸轮机构设计	4		
	齿轮机构设计	7		
	齿轮系设计	4		
	其他机构	1		
	机构系统运动方案设计	2		
	机构创新设计	2		
	机构系统的动力学	4		
机械部件选型与设计	减速器与变速器	2		
	运动平台	2		
	挠性传动设计	4		
	连接设计	4		
	联轴器、离合器和制动器（结合机械设计 MOOC 自学）			
机械零件设计	齿轮传动设计	6		
	蜗杆传动设计	3		
	轴设计	4		
	滚动轴承选择与校核	4		
	滑动轴承设计	3		
	弹簧设计（结合机械设计 MOOC 自学）			
机械零部件的结构设计	结构设计的方法和准则	2		
	典型零部件的结构设计	2		
实践环节	机构类型认知与机构运动简图绘制实验			2
	机构创新组合实验			2
	V 带传动实验			2
	机械传动方案设计综合实验			2
	现场教学：传动类零部件认知		2	
	现场教学：支承类、连接类零部件认知		2	
	三自由度并联机器人机构综合实验（选做）			
	轴系的结构设计实验（选做）			
合计		76	4	8

5. 评价方式

"机械设计理论与方法(二)"课程的考核(期末考试与平时考查相结合)以考核学生能力培养目标的达成为主要目的。能力目标达成评价与考核总成绩中,期末考试成绩占60%,平时成绩(包括作业、大作业、课堂练习等)占20%,慕课学习占10%,实验占10%,详见表5.35。

表5.35 "机械设计理论与方法(二)"课程目标与考核方式的对应关系

课程目标		1	2	3	4	考核环节成绩所占比例/%
平时成绩				20		20
慕课学习		10				10
实验					10	10
期末考试	基本概念题(填空、选择、判断等)	≈20				60
	综合应用题(简答、分析、计算、作图、设计等)		≈20	≈20		
课程目标所占比例/%		≈30	≈20	≈40	10	

5.3.6.3 "机械设计与制造综合实践"课程案例(东南大学供稿)

1. "机械设计与制造综合实践"课程的构建思路与教学组织特点

"机械设计与制造综合实践"是为机械工程专业高年级本科生开设的一门必修的综合性实践课程,体现了机械设计、工程材料及成形、几何精度设计、计算机图形学、三维几何建模、机械制造工程学、计算机辅助设计与制造和机电产品参数化实体造型等课程与知识的综合应用。

本综合实践要求学生结合具体的应用场合,自定实践项目与功能目标,在广泛调研、查阅资料和充分论证的基础上,自拟实现原理与方案,完成传动机构设计与机械结构设计、零件加工与配件备置、实物样机装配与调试、技术资料整理与实践报告撰写等工作,亲力亲为"设计→制造→装配"这一过程,达到全面培养学生创新设计能力和工程实践能力的目的。

本课程属于集中实践环节,由机械工程学院成立的综合实践教学工作组,全面负责综合实践环节的总体设计、过程实施和最终考核等工作,总学时为4周,全部为实验学时。综合实践教学工作组主要任务如下。

(1) 确定综合实践任务与要求:题目与实践内容(包括设计、制造、装配、调试、演示,实物与报告(图纸,实物照片)),进度安排等。

(2) 准备分阶段专题报告内容与教案:设计(选题、方案),制图,制造(工艺),技术报告撰写。

(3) 对学生进行分阶段指导与工作审核。

(4) 制定综合考核办法(考核要点与权重):图纸,报告,实物(制作质量与功能实现情况),现场答辩,成员实际完成工作和贡献大小。

(5) 组成若干考核小组,通过现场问辩对每个学生进行综合考核和成绩评定。

2. 课程目标

本课程是一门综合实践课程,学生组队共同完成一个选题,通过最终呈现的作品展现整个团队在机械设计、制造、装配、调试,以及设计报告撰写、答辩等多方面的综合能力,为将来在机械工程领域内从事设计、制造工作打下坚实基础。在总体设计,零部件选型、采购和加工,产品调试等环节中,与供应商、加工企业沟通合作,了解制造业配套及加工水平,理解机械工程师应承担的社会责任,激发责任感及使命感。具体课程目标如下:

(1) 能够应用机械设计与制造等相关知识,采用文献检索、方案探讨等多种方式,给出一个机械产品的总体方案,完成从设计、工艺、制造到装配调试整个过程,通过不断优化完成该机械产品、作品体现创新意识。

(2) 能够在多学科背景下,与团队成员分工协作,承担个体、团队成员或负责人的角色,完成相应任务。

(3) 能够就设计、选型、加工等与供应商、加工企业进行有效沟通和交流,撰写技术文档、答辩报告,准确表达观点,进行有效沟通和交流。

(4) 掌握工程管理的基本方法,能够把选题任务合理地分解到每个设计阶段,团队协作分工完成。在实施过程中,须综合考虑成本,合理使用经费。

3. 先修课程与后续课程

1) 先修课程

工程制图、设计原理及方法、机械制造工程学、微机原理及应用、机电控制技术、计算机辅助设计、数控技术等。

2) 后续课程

毕业设计。

4. 实践内容与建议学时

"机械设计与制造综合实践"课程实践内容与建议学时见表 5.36。

表 5.36 "机械设计与制造综合实践"课程实践内容与建议学时

序号	实 践 内 容	学时
1	组队与选题分析 ● 自由组合,2~4 人 1 个项目组,设组长 1 名; ● 每组自定一题,明确应用场合与功能目标,在查阅资料(专利)、已有应用实物现场察看的基础上,按规定格式撰写选题分析报告	2
2	总体方案设计 ● 根据选题功能目标,明确设计要求和内容; ● 项目组每个成员各提出 1 个原理性设计方案,绘制三维方案设计图,按规定格式撰写方案设计报告; ● 学生提交方案设计报告,安排专门时间展示和师生交流讨论,确认项目组最终设计方案和后续工作分工	10

续表

序号	实 践 内 容	学时
3	执行系统、传动系统详细设计 • 执行系统运动学设计与分析：设计建模，编程计算，设计结果分析，运动协调性设计； • 传动系统工作能力设计：传动系统主参数设计，传动机构工作能力设计，传动系统关键零部件设计或选择计算； • 设计资料阶段性整理	4
4	结构设计与图纸绘制 • 装配结构设计与装配图绘制； • 零件结构设计与零件图绘制	10
5	加工工艺设计 • 确定非标零件的加工手段和加工工艺	4
6	数控编程与零件加工 • 数控编程； • 零件加工	16
7	装配与调试 • 标准件配置； • 零件装配； • 功能调试； • 作品完善	8
8	实践报告撰写 • 每个项目组按规定格式和要求撰写实践报告1份； • 报告中应附项目组每一位成员独立撰写的"体会与收获,意见与建议"	8
9	实践作品展示与答辩考核 • 项目组按指定时间将实物作品、设计图纸、实践报告等提交至指定地点，进行作品演示和技术资料展示； • 考核小组通过对技术资料、作品设计与制作、功能实现与创新、现场答辩等方面的评价，进行综合考核和成绩评定	2

5. 评价方式

本实践课程将综合考虑设计报告、设计图纸、实物作品及答辩情况等方面进行考核与成绩评定，采用优秀、良好、中等、及格和不及格五级计分制，见表5.37。

表5.37 "机械设计与制造综合实践"课程目标与考核方式的对应关系

课程目标	1	2	3	4	考核环节成绩所占比例/%
指导教师组评分	8	16	8	8	40
答辩评分	30			30	60
课程目标所占比例/%	38	16	38	8	

第6章 专业实践

6.1 概述

制造强国和新工科发展要求,专业实践不仅要承担专业技能的系统实践,而且要注意工程创新、劳动素养和工程美学的培养。机械工程专业实践的内涵需要从简单的车、铣、刨、磨等为代表的基本机械技能训练,拓展到集机械、电子、光学、信息、材料和管理等新型工业技能实践。对学生实践能力的培养需要从简单的动手操作能力培训,转变为集分析、设计、开发为一体的综合能力训练。专业实践的知识要素需要从由知识为主、强调动手能力,转变为知识、能力、素质并重。工程实践能力是机械工程专业教学计划中与理论知识等量齐观的重要培养内容,理论与实践相结合是机械工程专业教育的重要特点。

机械工程专业实践要强调学生主动实践意识的养成,要改变传统的以"教"为中心的教学方法,鼓励学生主动构建知识,强调实践过程中学生的中心地位,强调技能训练中学生的分析、设计和开发能力,强化专业实践中学生感悟和理解工匠精神。同时要强调教师的主导地位,通过主动引导、过程指导强化学生的主动实践意识,并贯穿在教学全过程。

机械工程专业实践要强调学生的工程综合素质,鼓励学生通过全面扎实的专业实践,增强社会责任感与工程职业素养,鼓励学生将必要的人文社科素养与工程技术知识结合起来,学会正确处理人与人之间的关系,鼓励学生提高交流沟通、组织协调、口头与书面表达等素质和能力,鼓励学生养成精益求精和工程劳动的习惯,培养工程能力、团队精神和协作能力。

在制造技术新发展的时代背景下,机械工程的专业实践要紧密结合新技术的特点和国家发展战略对机械人才的能力需求,重点突出"新工科"的特征和内涵。在实践课程设置与实践内容选择方面,突出工程学科与理科的交叉与融合,锻炼学生正确认识基础理论和工程实践之间的辩证关系。注重加强与计算机、信息、网络等学科的交叉,逐步建设具备"智能制造"特征的实践教学环境,通过实践培养学生掌握产品设计、建模分析、自动化技术、智能感知、人工智能、物联网等工具和技术的能力。同时在新工科实践中融入人文社科领域的人才培养要素,在工程实践中培养学生的绿色制造和清洁制造等环保理念以及可持续发展观念。

针对智能制造人才培养需求,机械工程实践性教学应体现制造业与信息技术的融合,以信息物理系统(cyber-physical system,CPS)为主线,培养学生通过实践掌握智能设计、建模仿真、自动化技术、智能感知、人工智能、物联网等工具,培养学生的数字化思维能力和实践能力,并提供把数字化工具与领域知识相结合的有效手段。

在专业实践的考核和改进方面,应参考工程教育认证的理念,针对学生所获得的实践能力,建立起可量化、可比较的考核体系。同时,针对新技术的发展以及社会的新需求,建立起具有持续改进能力的专业实践建设体系。

机械工程类专业实践教学主要包括工程训练、实验课程、课程设计、生产实习、毕业设计

（论文）、创新创业实践教育等一系列教学活动，根据专业实际情况还可包括认识实习、毕业实习等实践环节。这些相互联系又有机统一的实践环节构成了机械工程专业的实践教学体系。

6.2 工程训练

工程训练是培养基本工程技能和工程素质的重要载体，主要是以实际工业环境为背景，以产品全生命周期为主线，给学生以工程实践的教育、工业制造的了解和工程文化的体验。

工程训练涵盖的形式主要有机械制造过程认知实习、工程训练概论、基本制造技术训练、先进制造技术训练、电子工艺基础训练、机电综合技术训练、智能制造技术训练、机器人技术训练等。通过系统的工程训练，认识机械制造过程和设备，了解制造工艺和工装，学会使用先进的设计和分析工具，掌握基本仪器、设备和工具的使用方法，认识现代工业生产组织方式。

工程训练以培养学生的基本工程素质为主要目标，以工业产品的工程分析、工艺制作为主要载体，以培养学生工程实践和实操能力为重点，融合工程创新、劳动素养和工程美学思维的教育理念，帮助学生具备一定的工程意识、质量意识、安全意识、劳动意识、团队意识和工匠精神，并通过工程实践感悟工程文化和工程美学。

从基础工程能力训练向工程创新能力培养转变是工程训练的发展趋势。

工程训练的教学目标是培养学生：

（1）掌握现代工业生产方式、工艺过程以及智能制造体系和制造过程。
（2）掌握机械制造工艺和电子技术的基本知识和操作技能。
（3）能够执行基本仪器、设备、工具等的操作。
（4）能够分析简单零件的加工方法，并规划工艺路线。
（5）能够分析和评价特定产品对象的设计、制造与运行的完整过程。
（6）能够应用工具软件，开展机械设计、建模分析、制造和控制任务，并能够整合现代人工智能、物联网等新技术，应用到机械领域。
（7）能够掌握机电自动化系统和电气、电子装置的常用元器件基本特性与识别方法。
（8）能够操作电子测量的常用测试仪器和设备。
（9）能够检测和分析机电产品故障、制订解决方案，进而改进设计方案、制造和装配工艺。
（10）能够建立起质量、效益、安全、环保、成本、市场等工程意识。
（11）能够建立创新实践能力、团队合作精神和组织管理能力。
（12）能够整合多学科交叉融合知识，解决复杂工程问题，并建立工程师的社会责任感。

6.3 实验课程

机械工程实验课程分为必修实验和选修实验，实验类型包括认知性实验、验证性实验、综合性实验、设计性实验和虚拟仿真实验等，其目的是培养学生实验设计、实施和测试分析的能力。必修实验是机械工程学科教学实验的基本要求,用以配合理论课程教学,达到对学生必备能力培养的目的。必修实验由教师按照实验指导书的要求指导学生完成,每次实验的时间严格按照教学计划执行。选修实验的设置要重视学生综合能力的培养,不仅要考虑学生动手实践、口头表达等显性能力的培养,也要重视查阅资料、归纳总结、团队合作等隐性能力的培养。

1. 实验类型

(1) 认知性实验：提高学生对机械结构、机械系统的认知程度,培养学生的观察力、辨别力,增强学生的工程意识。

(2) 验证性实验：通过实验验证课堂理论教学中涉及的一些理论问题,培养学生对测量、测试仪器及机械制造设备的操作能力,加深对理论的理解。

(3) 综合性实验：涉及本课程的综合知识或相关课程知识的实验内容,提高学生综合应用所学知识解决实际问题的能力和从事科学研究的能力,使学生受到比较系统的训练。

(4) 设计性实验：让学生根据实验目的、实验要求和实验条件自行设计实验方案并进行实验,或者根据机械系统的功能要求设计传动方案或结构方案并进行组装等,培养学生的自主设计能力、独立开展工作能力和创新思维能力。

(5) 虚拟仿真实验：坚持"能实不虚,虚实结合"的基本原则,着力解决真实实验条件不具备或实际运行困难,涉及高危或极端环境,高成本、高消耗、不可逆操作、大型综合训练等问题。虚拟仿真实验教学课程仿真设计要体现客观结构、功能及运动规律,应着力还原真实实验的实验要求、实验原理、操作环境及互动感受。

2. 实验内容

实验课程体系中包含的主要内容详见第5章中工程基础、机械设计原理与方法、机械制造工程原理与技术、机械系统传动与控制、制造赋能技术5个知识领域推荐课程的建议实验内容。

6.4 课程设计

主干课程应设置课程设计环节,培养学生的设计能力和解决问题的能力。

在专业教学中,除与课程相配合的基本实验外,还应适当为机械原理、机械设计、机械制造技术基础等基础课程,以及机械装备设计、机械工程自动化技术等一些重要专业课程或系列课程安排课程设计。通过课程设计,培养学生对所学知识和技能的综合运用能力,使学生得到接近实际的演练,提高学生综合所学知识分析和解决实际问题的能力。

课程设计一般由相应课程的教学组负责,可以根据教学内容安排具体实践的时间和学时数；设计选题可以是单科性的,也可是综合性的,设计题目要能够体现系统设计的思想,鼓励学生以解决具体问题为设计目标,开展项目式设计。课程设计可以采用手工方式与数字化、智能化相结合的方式进行,例如,工程制图可以采用手工绘图与 CAD 建模相结合的方式,模型制作可以采用数控加工与 3D 打印相结合的方式。设计任务安排可一人一题,也可分组合作；采用集体辅导与个别辅导相结合的方式指导学生相对独立地完成设计任务。课程设计成绩的评定主要依据学生设计过程中的综合表现、题目的难易程度、工作量、设计水平和答辩表现,对有创新成果的课程设计可予以额外嘉奖。

6.5 生产实习

生产实习主要包括观察和学习各种加工方法,学习各种加工设备、工艺装备和物流系统的工作原理、功能、特点和适用范围,了解典型零件的加工工艺路线,了解产品设计、制造过程,了解先进的生产理念和组织管理方式等,以培养学生工程实践能力、发现和解决问题的能力。

生产实习一般安排在专业基础课和专业课学习期间,并分阶段进行。主要实习内容有:

(1) 结合现场和所学基本知识,观察各种加工方法、加工设备以及制造产线,了解其组成、原理、功能、特点和生产流程,清楚各种工艺装备(刀具、夹具、量具等)、物流装备(生产线、机器人等)的适用范围。

(2) 以典型产品的设计和加工为主线,了解典型产品的生命周期、数字化设计和制造工艺路线,掌握典型零件的工艺知识并进行归纳总结、举一反三,用于其他零件的加工工艺。应鼓励学生分析现场工艺的合理性与不足等,并提出建设性的意见或建议。

(3) 深入现场技术管理部门,在企业技术人员指导下了解产品设计、制造过程的相关知识,了解先进的生产理念,参与和了解先进的组织管理方式,了解本行业特色和企业产品的制造过程,拓宽知识面,增加企业经历和专业阅历。在可能的情况下,担当助理技术员参与实际问题的解决。

校外实习基地应选定多个相关企业:以其中某个企业为主,解决专业基础课和专业课教学内容与生产实际的结合问题;其他基地应选与本专业特色相近的有代表性的企业或与本专业联系密切的专业厂矿研究院所。

行业特色显著和校企合作基础好的专业,可建立长期合作的校企协同育人基地,充分发挥厂矿研究院所实践育人的设备优势和场地优势。

主要实习企业应具有相当的生产规模以及较高的数字化、网络化和智能化水平,工艺技术装备比较先进,能代表机械制造业的现状,能够涵盖本专业教学内容,同时与相关联专业紧密结合。其他企业的选择应首先考虑知识面的补充,其次考虑行业特色。所选企业要能建立长期稳定的关系,确保教学计划得以稳定实施。

生产实习以集中组队为主,实行严格的组织管理,也可采用其他切实有效的组织管理模式。

6.6 毕业设计(论文)

毕业设计(论文)是培养学生工程意识和协作精神、提高专业素质和创新能力以及综合应用所学知识解决实际问题能力的重要环节,也是专业学习的深化与升华过程。

毕业设计(论文)选题应符合本专业的培养目标和教学要求,以工程设计为主,源于实际工程问题的选题占一定比例,一人一题;应由具有丰富经验的教师或企业工程技术人员指导,实行指导教师负责制,并对指导教师提出明确的要求。为保障指导效果,每位指导教师不宜同时指导过多毕业设计(论文)。

毕业设计(论文)的选题应符合以下原则：

(1) 符合本专业的培养目标和教学基本要求，应有一定的知识覆盖面，尽可能涵盖本专业主干课的内容，使学生得到比较全面的训练；

(2) 尽可能来自于生产、科研和教学的实际工程问题，有工程背景和实用价值；

(3) 题目类型可多种多样，应贯彻因材施教原则，使学生的创造能力得以充分发挥；

(4) 内容应能检验学生是否具备解决复杂工程问题的能力；

(5) 难易程度和工作量能满足专业培养目标要求，研究型题目应具备相应的实验条件，能使大多数学生经过努力在给定时间内完成规定的任务。

按工作任务的不同，学生的毕业设计(论文)主要分为以下两种类型。

1. 工程设计类

包括结构设计类(如机械结构设计，以优化设计、系统性能分析等为主的论文等)、机电结合类(如机械结构设计与电气控制相结合的选题)、测控类(如机械系统的计算机测试与控制)、工艺设计类(如加工工艺的设计与优化、装配工艺的设计与优化)、软件开发类(如独立完成一个工程应用软件或其中一个较大模块的开发，具体内容可以是总体设计、详细设计、软件实现、测试、性能分析等形式之一或者全部)等。工程设计类的毕业设计(论文)一般包括任务的提出、方案论证或文献综述、设计与计算、技术经济分析、结论等内容。

2. 实验研究类

要求学生独立完成一个完整的实验，取得足够的实验数据。实验要有探索性，而不是简单重复已有的工作。实验研究类的毕业设计(论文)应包括文献综述、实验设计与实验装置、实验分析研究与结论等内容。

在毕业设计(论文)环节的教学过程中，要特别注意以下几个方面：

(1) 毕业设计(论文)指导应由具有丰富教学和实践经验的教师或企业工程技术人员担任；

(2) 毕业设计(论文)一般安排在学校完成，若学生结合课题需要到企业进行毕业实习或调研，应积极鼓励和组织学生到企业进行毕业设计(论文)工作；

(3) 毕业设计(论文)工作主要安排在大四春季学期进行，有条件的学校可实行毕业设计(论文)一年期的安排，鼓励学生提前进入实验室参与科学研究活动，更好地培养学生的实际工作能力；

(4) 毕业设计(论文)要实行过程管理和目标管理相结合的管理方式，强调过程中的认真指导和阶段检查，保证工作进度和质量；

(5) 毕业设计(论文)在指导教师审阅后，交由评阅教师认真评阅并给出客观评价；

(6) 指导教师要指导学生学习和实践科学文献的写作规范，并掌握学术道德原则；

(7) 毕业设计(论文)的成绩应根据选题、难易程度、工作量、表达逻辑、创造性成果、工作态度和答辩情况等因素确定，鼓励企业行业专家参与学生毕业设计(论文)的成绩评定；

(8) 学生必须按照学校制定的撰写规范撰写毕业设计(论文)，毕业设计(论文)装订要整齐，信息资料应齐全并按要求归档。

6.7 创新创业实践教育

随着高等教育改革的深入,创新创业实践教育在学生培养过程中越来越受到重视。尤其是随着创新驱动发展战略的深入实施,以及《中华人民共和国国民经济和社会发展第十四个五年规划和2035年远景目标纲要》的发布,创新创业实践教育更加成为培养高素质人才、服务经济社会发展的重要手段。

各高校在创新创业实践教育模式、内容和方法等方面开展了研究和改革,并取得了长足进展。主要表现在科技创新活动活跃,学生创业意识和能力训练受到关注,创新创业教育改革不断深化,实践资源条件不断提高,相关课程设置更加完善,产教融合创新平台、共享型实习基地推进建设等方面。

通过构建创新创业实践教育体系,推动学科交叉融合,设置创新创业项目,参与国内外学科竞赛,培育高水平科技创新成果。把创新创业实践教育贯穿人才培养全过程,培养既有扎实的基础理论、专业知识以及工程应用基础能力,又有工程创新精神与能力、科研开发能力、竞争与合作意识,符合时代要求、胜任未来发展的高素质创新人才,培养面向智能制造的综合素质强、专业基础好、跨行业跨领域、熟悉传统工业和新兴技术的跨界人才。

1. 科技创新活动

科技创新活动主要指学生在政府、学校、企业以及教师、业界专家等的支持和指导下,以提高创新精神、实践能力和综合素质为目标开展的学术研究、发明创造、科技制作、科技开发和科技服务等形式的系列化活动。

科技创新活动可以有不同的形式:一是非竞技性活动以强化学生创新创业意识和激发学生创造热情为目的;二是科研活动,以培养学生理论联系实际的工程实践能力、锻炼学生的创新思维能力为目的;三是通过各级各类竞技设计及比赛的方式,锻炼学生在多学科团队中发挥作用的能力和沟通协作能力;四是建立不同层面的创新创业教育基地,营造创新创业氛围,培育创新创业团队,培养创新创业能力;五是基于众创社区平台和模拟现实的创新环境,从方案设计到制造加工,结合社区搭建的任务管理体系、技术协作体系、设备加工及材料交易管理机制,提高学生创新实践能力,并提高其综合素质。

针对智能制造人才培养需要,鼓励和引导学生组织跨专业合作,针对制造系统中的具体工程问题,综合运用智能感知测量、结构优化设计、机电光一体化、物联网、人工智能等技术手段开展创新实践活动,培养学生的大工程观、大质量观和综合数字化实践能力。

通过组织学生参与科学研究、开发和设计工作,以及各种学科竞赛等科技创新活动,提高学生的创造性设计能力、综合设计能力和工程实践能力,培养学生的创新意识、科学精神、协作能力、表达能力、工程实践能力和团队精神,推进大学生素质教育,促进高校机械学科的实践教学改革,以适应新的经济社会和科技工业发展的需要。

2. 创业能力培养

我国高校应致力于培养具有创新精神、专业能力和社会责任的创新型人才,这就要从提升教育服务国家发展能力的高度、从主动适应经济社会发展和产业转型升级需求的深度、从参与全球竞争和前瞻性地引领未来世界发展的广度,来审视当下的创新创业教育。创业意识与能力培养的必要性和重要性毋庸置疑,尤其在识别与把握机会、创造价值、开创态度和主动深度实践以及对于人的塑造等方面,也是其他一般教育教学环节难以替代的。

各高校坚持创新引领创业、创业带动就业这一主线,通过开设创业通识课程、搭建创业实践平台、优化创业孵化环境等系列举措支持大学生创新创业,以探索形成各具特色的创新创业教育体系,培育大批以学科特色为底色的高质量创业人才。

第 7 章 工程教育认证

7.1 国际工程教育认证概况

专业工程师的注册条件一般包括 3 个方面：接受过适当的工程教育，通过资格考试，以及专业工作经验。其中适当的工程教育通常指专门机构认证通过的 4 年制工程学士学位教育。美国是国际上最早开展工程教育认证的国家，其专门机构是工程技术评审委员会(Accreditation Board for Engineering and Technology, ABET)。

经济全球化，特别是服务贸易的全球化，带动了工程技术职业的全球化。国际化的工程技术服务活动不仅要求参与者的语言能力和专业技能，而且还要有基本的专业技术理论水平作保证。由于各国工程师教育体系和工程师职业管理体系的差异，建立学位和专业资格互认机制引起了世界各国的普遍关注。为了满足不同层次的学位互认和专业技术资格互认的需要，解决这两个方面的相互承认问题，国际上相继出现了许多互认协议。其中比较有代表性的是《华盛顿协议》和欧洲工程教育认证(EUR-ACE)。《华盛顿协议》是最具权威性、国际化程度较高、体系较为完整的协议。

7.1.1 《华盛顿协议》

《华盛顿协议》(*Washington Accord*)是 1989 年正式签署的、针对工程学士学位教育专业认证、签约成员彼此之间相互承认的国际性协议，针对工程师层次，为本科(一般为 4 年)学士学位工程教育专业认证提供互认。目前该组织已有美国、英国、加拿大、澳大利亚、韩国、俄罗斯、中国、日本等 21 个正式成员和智利、泰国等 7 个预备成员，成员涵盖美洲、欧洲、大洋洲、亚洲和非洲的国家和地区。2016 年 6 月 2 日，在马来西亚吉隆坡举行的国际工程联盟大会上，经过华盛顿协议组织的闭门会议，通过全体正式成员的集体表决，中国转正成为该组织的正式成员。

《华盛顿协议》规定："各缔约方要尽一切合理的努力，保证负责注册或批准职业工程师在本国或本地区从业的机构，承认本协议缔约组织所认证的工程专业的实质等效性。"它有 3 层含义：①签约组织的工程教育认证标准、认证程序和认证结果具有可比性；②签约组织的专业认证体系，能够被《华盛顿协议》其他成员组织认可；③签约组织的工程专业合格毕业生符合注册工程师的基本质量标准，达到该协议对注册工程师的教育要求。可见，保持认证的工程专业有实质等效性的目的是通过标准化的制度来约束和监督各国工程教育认证的过程，最终实现各国高等工程教育平等交流和注册工程师资格互认的目标。与《悉尼协议》和《都柏林协议》不同的是，《华盛顿协议》对毕业生的要求是解决复杂(complex)工程问题，而《悉尼协议》和《都柏林协议》分别是针对广泛(broadly-defined)的工程问题和准确定义(well-defined)的工程问题。

《华盛顿协议》互认机制的核心内容包括以下 2 点。

1. 重视工程专业的认证体系,要求具有可比性和等效性

要求各成员用于工程专业认证的各个环节包括政策、准则、程序和方法是可比的或类似的,在水平上均等效地满足工程师执业必须具备的基本素质和技能要求。认证标准采用"能力导向"的基本原则,即将接受教育人员的素质和潜在技能表现作为衡量教学成果的评价依据,并以促进其持续改进作为认证的最终目标。认证体系自身必须建立质量保证体系,保证互认的工程专业教育能够随着科学技术的发展得到持续改进;必须接受定期质量审查。要求各成员努力促使本国或本地区的专业工程师执业注册机构也承认经各签约成员认证的工程专业的等效性,即经任何一个成员认证过的专业,其学位在申请工程师注册时都应得到承认。

2. 强调成员的资质条件

根据《华盛顿协议》对成员资质条件的规定,应满足以下特性:①代表性,有足够数量的会员,能够代表一个国家或一个地区的工程技术界;②专业性,其宗旨和目的是促进科学和工程技术的发展,从事学术交流、专业培训、制定标准等活动;③法定性或权威性,具有法律或政府授权,或得到从政府到社会的认可及信赖;④独立性,独立于高等院校;⑤唯一性,一个国家或一个独立的行政地区只能有一个符合上述条件的组织或机构作为代表加入《华盛顿协议》。

7.1.2 欧洲工程教育认证(EUR-ACE)

2004年9月正式启动"欧洲工程教育认证计划"(European Accreditation of Engineering Programmes,EUR-ACE®),2004年12月《EUR-ACE 工程教育认证标准和程序》文件正式上线发布。

EUR-ACE 的主要目标在于提出一个框架,建立一个以欧洲共同标准为基础的欧洲工程教育鉴定体系。包括以下主要目标:①为接受认证的教育项目及其毕业生提供一种合适的欧洲标签(改进工程教育项目的质量);②通过认证标志来为跨国认可提供便利;③与"欧洲指令"相一致,由权威机构来推动认可机制;④推动相互认可协议。

EUR-ACE 标准是"结果导向"型,换言之,认证是依据达到合适的"学习结果"的满意度来衡量的。6种学习结果列举如下:①知识和理解;②工程分析;③工程设计;④调查;⑤工程实践;⑥可转换的技能。EUR-ACE 标准是普通标准,实际的认证还必须补充具体分支学科的专用要求。

EUR-ACE 标准非常灵活,足以适应国家及学科间的差异,并且为未来发展留有足够的空间,其所提议的认证程序不但不会成为一种束缚,相反会通过结合最佳实践方式而成为不断改进的一种动力。

7.2 中国工程教育认证概况

加入 WTO 以后,中国工程院于2001年开始工程教育认证相关情况调研,在重庆召开了中日韩三国工程教育认证学术报告会。2004年成立了高等教育教学评估中心,提出"要推

进专业教学评估工作,需要动员各行业协会、专业学会等社会组织参与,逐步探索将专业评估与专业认证、职业资格证书相结合的质量保障体系"。2005年,国务院批准成立了由18个行业管理部门和行业组织组成的全国工程师制度改革协调小组。2006—2007年协调小组成立了全国工程教育专业认证专家委员会,同时配套成立了独立的监督和仲裁委员会。2013年组建了中国工程教育认证协会筹备委员会并设置秘书处,最终于2015年4月成立了独立法人社团组织——中国工程教育专业认证协会。

7.2.1 发展沿革

我国高等工程教育自新中国成立以来有了迅速的发展,特别是近些年,高等工程教育的规模有了进一步增长。世界在变化,科技在变化,高等教育也需要变化。社会对高等工程教育提出了更高的要求,如何培养适应我国经济社会发展和经济全球化需求的人才,是我国高等工程教育面临的重大挑战。新一代工程师们需要的能力将不只限于传统科学知识及基础工程概念,作为新一代的工程技术人才,毕业生们应具备在跨专业、跨领域团队中合作的能力,具备参与国际竞争的能力。

国际高等工程教育专业认证制度是工程人才培养质量的重要保证,也是各国高等工程教育参与国际竞争的一项重要基础。高等工程教育专业认证制度是我国工程师质量保证体系中的重要组成部分,建立完善的高等工程教育专业认证制度对于提高我国高等工程教育的国际竞争力以及确保我国高等工程教育的质量都具有十分重要的作用。通过高等工程教育专业认证可以进一步促进高等工程教育质量的提高;加强高等工程教育与工业界的联系,促进高等工程教育的改革与发展;促进高等工程教育的国际交流,强化学生就业竞争的优势,提升我国高等工程教育的国际竞争力。

我国开展工程教育认证工作已有多年的历程,最早可追溯到1992年的建筑专业评估。中国工程教育专业认证协会积极组织教育界和行业专家,认真分析当前高等工程教育的实际情况,同时参考国际工程教育界在工程教育专业认证领域的做法,按照实质等效的原则制定了我国的工程教育专业认证体系。

在我国工科高等院校中,机械工程学科不仅是历史悠久、基础较好、师资雄厚、教学经验和科研成果最丰富的学科之一,也是开展工程教育认证试点工作的首批试点专业之一。2006年,在全国工程师制度改革协调小组的统一部署下,我国启动了工程教育认证试点工作。2007年,在北京召开了专业认证分委会(试点工作组)筹备会议,成立了机械类专业认证委员会。机械类专业认证的实践工作由此正式展开。通过参照国际通行做法,制定认证相关文件、认证标准等,至2008年先后指导北京航空航天大学、浙江大学、东南大学、山东大学、哈尔滨工业大学、上海交通大学的6个本科机械相关专业完成了认证申请、自评、入校考查、通过认证等相关工作。

2016年1月,燕山大学材料成型及控制工程专业和北京交通大学车辆工程专业的认证工作代表中国接受华盛顿协议组织现场观摩考查,华盛顿协议组织观察员实地观摩了两个专业入校考查工作的全部过程,考查了两个专业提交的相关材料,对中国工程教育认证工作给予了高度评价,机械类专业认证工作为中国加入《华盛顿协议》做出了重要贡献。

2016年6月2日,在吉隆坡召开的国际工程联盟大会上,中国成为国际本科工程学位互认协议《华盛顿协议》的正式会员,这标志着中国工程教育及其质量保障体系迈出了重大步伐。加入《华盛顿协议》将促进中国工程教育人才培养质量标准与《华盛顿协议》的标准实质等效,意味着通过中国工程教育认证专业的学生可以在相关的国家或地区按照职业工程师的要求,取得工程师执业资格,这将为我国工程类学生走向世界提供具有国际互认质量标准的通行证,对提升中国工程教育的总体实力和国际竞争力具有重要意义。

截至2022年年底,共有190所学校的352个机械类专业通过了工程教育认证。通过工程教育专业认证工作,建立、充实和完善了我国工程教育认证的管理体系、认证标准和认证程序,进而推动了高校体制改革,促进了高校教育体系的与时俱进和全面发展,提升了我国工程技术人员参与国内外市场竞争的整体实力。

7.2.2 组织体系

中国工程教育认证工作是在中国工程教育专业认证协会(以下简称"认证协会")的领导下组织开展的。中国工程教育专业认证协会是由工程教育相关的机构和个人组成的全国性社会团体,经教育部授权,开展工程教育认证工作的组织实施。协会接受社团登记管理机关民政部和业务主管单位教育部的监督管理和业务指导,是中国科学技术协会的团体会员,协会秘书处支撑单位为教育部高等教育教学评估中心。

认证协会的最高权力机构是会员大会,会员大会的执行机构是理事会,监督机构为监事会,办事机构为秘书处。认证协会根据工作需要设置各专业类认证委员会、学术委员会、认证结论审议委员会等。以上各机构的相互关系如图7.1所示。

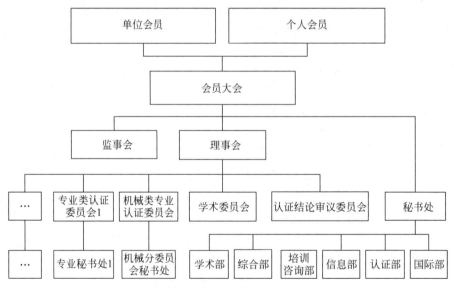

图7.1 中国工程教育专业认证协会组织机构图

机械类专业认证委员会:2010年11月9日,教育部高等教育司正式发函《关于公布全国工程教育专业认证专家委员会机械类专业认证分委员会人员名单及工作办法的通知》(教高司函〔2010〕264号),批准全国工程教育专业认证专家委员会机械类专业认证分委员会成立秘书处,秘书处挂靠在中国机械工程学会。相关人员名单由机械类专业认证委员会提名,经全国工程教育专业认证专家委员会审议通过,由教育部高等教育司批准公布。

1. **组织机构**

机械类专业认证委员会(以下简称"机械专委会")组成人员包括主任1人,副主任1~3人,秘书长1人,以及其他成员若干人,原则上总数不超过15人。其中工程教育界的成员占1/2左右,来自企业的工程技术人员不低于总数的1/3。机械专委会相关人员均实行任期制,任期为5年,任期原则上不超过两届,换届选举时原则上应该改选1/3的委员。认证协会可根据工作需要,对机械专委会组成人员进行适当调整。

2. **工作职责**

机械专委会的业务工作按照《专业类认证委员会管理办法》中有关文件的规定执行,主要职责包括:

(1) 制定、修改机械类专业补充标准和机械分委员会的工作文件;

(2) 推荐机械领域认证专家,参加认证协会秘书处统一组织的资格培训,经认证协会学术委员会认定合格后进入专家库;

(3) 组织机械领域认证专家的日常培训工作;

(4) 按照认证协会的统一要求,制订机械类专业认证委员会的工作计划,并报认证协会备案;

(5) 根据认证协会的要求,审核学校提交的工程教育认证申请书,提出是否受理申请的意见;

(6) 根据认证协会秘书处的统一安排,指导已受理认证申请的专业开展自评和撰写自评报告;

(7) 拟定现场考查专家组名单,由认证协会统一派出,完成工程教育认证的现场考查工作;

(8) 审核被认证专业的自评报告、现场考查专家组提交的现场考查报告和学校的反馈意见,并给出认证结论建议,形成认证报告;

(9) 承担已通过认证专业的认证状态保持工作的监督、审查等相关工作;

(10) 完成认证协会安排的其他工作。

机械专委会秘书处是机械专委会的日常办事机构,在机械专委会领导下,接受认证协会的指导,承担机械专委会日常业务工作。机械专委会秘书处的工作职责是:起草机械专委会的工作计划、认证报告等文件资料,经机械专委会批准后上报认证协会秘书处;组织机械类专业认证的宣传工作;制订机械专委会经费预算,负责认证工作的经费管理;建立文件和认证资料等工作档案。

3. **工作制度**

机械专委会按照认证协会的工作安排,以研讨会、通信(线上,电话)等形式适时召开工作会议,讨论机械专委会重要工作事宜。会议情况由机械专委会秘书处及时通报认证协会。机械专委会秘书处工作由秘书长主持。

7.2.3 认证标准

认证标准是判断专业是否达到认证要求的依据,同时也是专业撰写自评报告的依据。认证标准由通用标准和专业补充标准两部分构成。认证标准由学术委员会负责制定,报理事会通过后发布,其中专业补充标准由相应专业领域的专业类认证委员会制定或修订,报学术委员会审定。我国已于2022年颁布了《工程教育认证标准》(T/CEEAA 001—2022)。

7.2.3.1 通用标准

通用标准规定了专业在学生、培养目标、毕业要求、持续改进、课程体系、师资队伍和支持条件7个方面的要求。其中,培养目标是对该专业毕业生在毕业后5年左右能够达到的职业和专业成就的总体描述;而毕业要求则是对学生毕业时应该掌握的知识和能力的具体描述,包括学生通过本专业学习所掌握的知识、技能和素养。本教程第2章"学生"涵盖了通用标准中培养目标和毕业要求的内容;第3章"专业教育条件"涵盖了通用标准中师资队伍和支持条件的内容;第4章"机械工程教育知识体系"、第5章"课程体系与教学计划"和第6章"专业实践"涵盖了通用标准中课程体系的内容。

1. 学生

(1) 具有吸引优秀生源的制度和措施。

(2) 具有完善的学生学习指导、职业规划、就业指导、心理辅导等方面的措施并能够很好地执行落实。

(3) 对学生在整个学习过程中的表现进行跟踪与评估,并通过形成性评价保证学生毕业时达到毕业要求。

(4) 有明确的规定和相应认定过程,认可转专业、转学学生的原有学分。

2. 培养目标

(1) 有公开的、符合学校定位的、适应社会经济发展需要的培养目标。

(2) 定期评价培养目标的合理性并根据评价结果对培养目标进行修订,评价与修订过程有行业或企业专家参与。

3. 毕业要求

专业必须有明确、公开、可衡量的毕业要求,毕业要求应能支撑培养目标的达成。专业制定的毕业要求应完全覆盖以下内容:

(1) 工程知识。能够将数学、自然科学、工程基础和专业知识用于解决复杂工程问题。

(2) 问题分析。能够应用数学、自然科学和工程科学的基本原理,识别、表达,并通过文献研究分析复杂工程问题,获得有效结论。

(3) 设计、开发解决方案。能够设计针对复杂工程问题的解决方案,设计满足特定需求的系统、单元(部件)或工艺流程,并能够在设计环节中体现创新意识,考虑社会、健康、安全、法律、文化以及环境等因素。

(4) 研究。能够基于科学原理并采用科学方法对复杂工程问题进行研究,包括设计实验、分析与解释数据,并通过信息综合得到合理有效的结论。

(5) 使用现代工具。能够针对复杂工程问题,开发、选择与使用恰当的技术、资源、现代工程工具和信息技术工具,包括对复杂工程问题的预测与模拟,并能够理解其局限性。

(6) 工程与社会。能够基于工程相关背景知识进行合理分析,评价专业工程实践和复杂工程问题解决方案对社会、健康、安全、法律以及文化的影响,并理解应承担的责任。

(7) 环境和可持续发展。能够理解和评价针对复杂工程问题的工程实践对环境、社会可持续发展的影响。

(8) 职业规范。具有人文社会科学素养与社会责任感,能够在工程实践中理解并遵守工程职业道德和规范,履行责任。

(9) 个人和团队。能够在多学科背景下的团队中承担个体、团队成员以及负责人的角色。

(10) 沟通。能够就复杂工程问题与业界同行及社会公众进行有效沟通和交流,包括撰写报告和设计文稿、陈述发言、清晰表达或回应指令,并具备一定的国际视野,能够在跨文化背景下进行沟通和交流。

(11) 项目管理。理解并掌握工程管理原理与经济决策方法,并能在多学科环境中应用。

(12) 终身学习。具有自主学习和终身学习的意识,有不断学习和适应发展的能力。

4. 持续改进

(1) 建立教学过程质量监控机制。各主要教学环节有明确的质量要求,定期进行课程体系设置和教学质量的评价,建立毕业要求达成情况评价机制,定期开展毕业要求达成情况评价。

(2) 建立毕业生跟踪反馈机制,以及有高等教育系统以外有关各方参与的社会评价机制,对培养目标的达成情况进行定期分析。

(3) 能证明评价的结果被用于专业的持续改进。

5. 课程体系

课程设置能支持毕业要求的达成,课程体系设计有企业或行业专家参与。课程体系必须包括:

(1) 与本专业毕业要求相适应的数学与自然科学类课程(至少占总学分的15%)。

(2) 符合本专业毕业要求的工程基础类课程、专业基础类课程与专业类课程(至少占总学分的30%)。工程基础类课程和专业基础类课程能体现数学和自然科学在本专业应用能力的培养,专业类课程能体现系统设计和实现能力的培养。

(3) 工程实践与毕业设计(论文)(至少占总学分的20%)。设置完善的实践教学体系,并与企业合作,开展实习、实训,培养学生的实践能力和创新能力。毕业设计(论文)选题要结合本专业的工程实际问题,培养学生的工程意识、协作精神以及综合应用所学知识解决实际问题的能力。对毕业设计(论文)的指导和考核有企业或行业专家参与。

(4) 人文社会科学类通识教育课程(至少占总学分的15%),使学生在从事工程设计时能够考虑经济、环境、法律、伦理等各种制约因素。

6. 师资队伍

(1) 教师数量能满足教学需要,结构合理,并有企业或行业专家作为兼职教师。

（2）教师具有足够的教学能力、专业水平、工程经验、沟通能力、职业发展能力，并且能够开展工程实践问题研究，参与学术交流。教师的工程背景应能满足专业教学的需要。

（3）教师有足够的时间和精力投入本科教学和学生指导，并积极参与教学研究与改革。

（4）教师为学生提供指导、咨询、服务，并对学生职业生涯规划、职业从业教育有足够的指导。

（5）教师明确他们在教学质量提升过程中的责任，不断改进工作。

7. 支持条件

（1）教室、实验室以及设备在数量和功能上满足教学需要。有良好的管理、维护和更新机制，使得学生能够方便地使用。与企业合作共建实习和实训基地，在教学过程中为学生提供参与工程实践的平台。

（2）计算机、网络、图书资料等资源能够满足学生的学习以及教师的日常教学和科研所需。资源管理规范，共享程度高。

（3）教学经费有保证，总量能满足教学需要。

（4）学校能够有效地支持教师队伍建设，吸引与稳定合格的教师，并支持教师本身的专业发展，包括对青年教师的指导和培养。

（5）学校能够提供达成毕业要求所必需的基础设施，包括为学生的实践活动、创新活动提供有效支持。

（6）学校的教学管理与服务规范，能有效地支持专业毕业要求的达成。

7.2.3.2 专业补充标准

专业必须满足相应的专业补充标准。专业补充标准规定了相应专业在课程体系和师资队伍等方面的特殊要求。

机械类专业补充标准适用于按照教育部有关规定设立的，授予工学学士学位的机械类专业。

1. 课程体系

自然科学类课程应包含物理、化学（或生命科学）等知识领域。

工程基础类课程应包含工程图学、理论力学、材料力学、热流体、电工电子、工程材料等知识领域。

实践环节包括工程训练、课程实验、课程设计、企业实习、科技创新等。毕业设计（论文）以工程设计为主。

2. 师资队伍

从事专业主干课程教学的教师，应具有企业工作经验或从事过工程设计和研究的工程背景，了解本专业领域科学和技术的最新发展。

7.2.4 认证程序

工程教育认证工作的基本程序包括6个阶段：申请和受理、学校自评与提交自评报告、自评报告的审阅、现场考查、审议和做出认证结论、认证状态保持。具体工作流程如图7.2所示。

第 7 章　工程教育认证

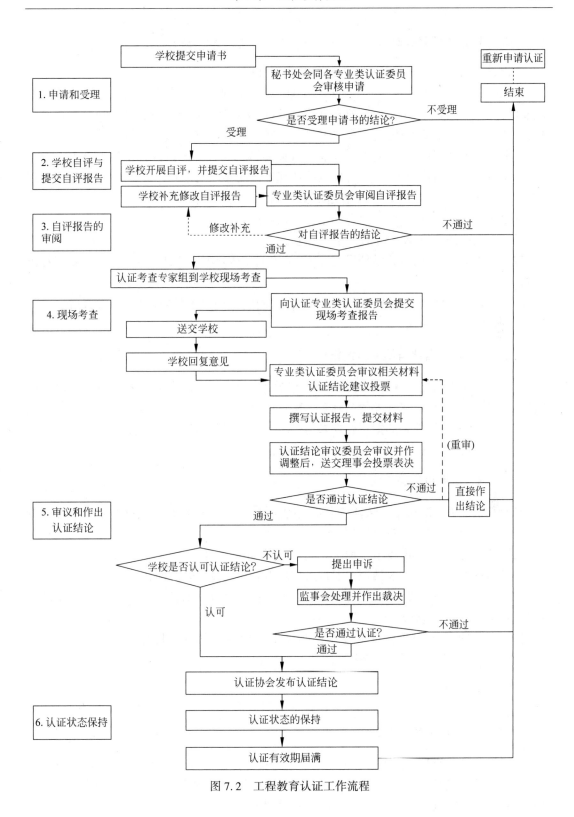

图 7.2　工程教育认证工作流程

7.2.4.1 申请和受理

工程教育认证工作在学校自愿申请的基础上开展。

按照教育部有关规定设立的工科本科专业，属于中国工程教育专业认证协会的认证专业领域，并已有三届毕业生的专业所在学校，可以申请认证。申请认证由专业所在学校向秘书处提交申请书。申请书按照《工程教育认证学校工作指南》的要求撰写。

秘书处收到申请书后，会同相关专业类认证委员会对认证申请进行审核。重点审查申请学校是否具备申请认证的基本条件，根据认证工作的年度安排和专业布局，做出是否受理的决定，必要时可要求申请学校对有关问题做出答复，或提供有关材料。

根据审核情况，可做出以下两种结论，并做相应处理：

（1）受理申请，通知申请学校开展自评；

（2）不受理申请，向申请学校说明理由，学校可在达到申请认证的基本条件后重新提出申请。

已受理认证申请的专业所在学校应在规定时间内按照国家核定的标准交纳认证费用，交费后进入认证工作流程。

7.2.4.2 学校自评与提交自评报告

自评是学校组织接受认证专业依照《工程教育认证标准》对专业的办学情况和教学质量进行自我检查，学校应在自评的基础上撰写自评报告。

自评的方法、自评报告的撰写要求参见《工程教育认证学校工作指南》。

学校应在规定时间内向秘书处提交自评报告。

7.2.4.3 自评报告的审阅

专业类认证委员会对接受认证专业提交的自评报告进行审阅，重点审查申请认证的专业是否达到《工程教育认证标准》的要求。

根据审阅情况，可做出以下三种结论之一，并作相应处理：

（1）通过审查，通知接受认证专业进入现场考查阶段及考查时间；

（2）补充修改自评报告，向接受认证专业说明补充修改要求，经补充修改达到要求的可按（1）处理，否则按（3）处理；

（3）不通过审查，向接受认证专业说明理由，本次认证工作到此停止，学校可在达到《工程教育认证标准》要求后重新申请认证。

7.2.4.4 现场考查

1. 现场考查的基本要求

现场考查是专业类认证委员会委派的现场考查专家组到接受认证专业所在学校开展的实地考查活动。现场考查以《工程教育认证标准》为依据，主要目的是核实自评报告的真实性和准确性，并了解自评报告中未能反映的有关情况。

现场考查时间一般不超过3天，且不宜安排在学校假期进行。专业类认证委员会应在入校考查前两周通知学校。

工程教育认证现场考查专家组成员应熟知《工程教育认证标准》,进入学校至少4周前收到自评报告,并认真审阅。考查期间专家组按照《工程教育认证现场考查专家组工作指南》开展工作。

现场考查专家组的组建规定以及现场考查方式参见《工程教育认证现场考查专家组工作指南》。

2. 现场考查的程序

(1) 专家组预备会议。进校后专家组召开内部工作会议,进一步明确考查计划和具体的考查步骤,并进行分工。

(2) 见面会。专家组向学校及相关单位负责人介绍考查目的、要求和详细计划,并与学校及相关单位交换意见。

(3) 实地考查。考查内容包括考查实验条件、图书资料等在内的教学硬件设施;检查近期学生的毕业设计(论文)、试卷、实验报告、实习报告、作业,以及学生完成的其他作品;观摩课堂教学、实验、实习、课外活动;参观其他能反映教学质量和学生素质的现场和实物。

(4) 访谈。专家组根据需要与包括在校学生和毕业生、教师、学校领导,有关管理部门负责人,以及院(系)行政、学术、教学负责人等展开会晤,必要时还需与用人单位有关负责人展开会晤。

(5) 意见反馈。专家组成员向学校反馈考查意见与建议。

3. 现场考查报告

工程教育认证现场考查报告,是各专业类认证委员会对申请认证的专业作出认证结论建议和形成认证报告的重要依据,需包括以下内容:

(1) 专业基本情况;

(2) 对自评报告的审阅意见及问题核实情况;

(3) 逐项说明专业符合认证标准要求的达成度,重点说明现场考查过程中发现的主要问题和不足,以及需要关注并采取措施予以改进的事项。

专家组应在现场考查工作结束后15日内向相应专业类认证委员会提交现场考查报告及相关资料。

7.2.4.5 审议和作出认证结论

1. 征询意见

专业类认证委员会将现场考查报告送接受认证专业所在学校征询意见。学校应在收到现场考查报告后核实其中所提及的问题,并于15日内按要求向相应专业类认证委员会回复意见。逾期不回复,则视同没有异议。

学校可将现场考查报告在校内传阅,但在作出正式的认证结论前,不得对外公开。

2. 审议

各专业类认证委员会召开全体会议,审议接受认证专业的自评报告、专家组的现场考查报告和学校的回复意见。

3. 提出认证结论建议

各专业类认证委员会在充分讨论的基础上,采取无记名投票方式提出认证结论建议。全体委员 2/3 以上(含)出席会议,投票方为有效;同意票数达到到会委员人数的 2/3 以上(含),则通过认证结论建议。各专业类认证委员会讨论认证结论建议和投票的情况应予保密。

工程教育认证结论建议应为以下三种之一。

(1) 通过认证,有效期 6 年:达到标准要求,无标准相关的任何问题。

(2) 通过认证,有效期 6 年(有条件):达到标准要求,但有问题或需关注事项,不足以保持 6 年有效期,需要在第三年提交改进情况报告,根据问题改进情况决定"继续保持有效期"或"中止有效期"。

(3) 不通过认证:存在未达到标准要求的不足项。

4. 提交工程教育认证报告和相关材料

各专业类认证委员会根据审议结果,撰写认证报告,须写明认证结论建议和投票结果,连同自评报告、现场考查报告和接受认证专业所在学校的回复意见等材料,一并提交认证结论审议委员会审议。

5. 认证结论审议委员会审议认证结论

认证结论审议委员会召开会议,对各专业类认证委员会提交的认证结论建议和认证报告进行审议。认证结论审议委员会如对提交结论有异议,可要求专业类认证委员会在限定时间内对认证结论建议重新进行审议,也可直接对结论建议作出调整。

认证结论审议委员会审议认证结论建议时,按照协商一致的方式进行审议,有重要分歧时,可采用无记名投票方式投票表决。全体委员 2/3 以上(含)出席会议,投票方为有效;同意票数达到到会委员人数的 2/3 以上(含),认证结论建议方为有效。

认证结论审议委员会审议认证结论建议时,可根据需要要求专业类认证委员会列席会议,接受质询。

6. 批准与发布认证结论

理事会召开全体会议,听取认证结论审议委员会对认证结论建议和认证报告的审议情况,并投票表决认证结论建议。理事会全体会议须邀请监事会成员列席。

理事会全体会议采用无记名投票方式批准认证结论。全体理事 2/3 以上(含)出席会议,投票方为有效;同意票数达到到会理事人数的 2/3 以上(含),认证结论方为有效。

如理事会未批准认证结论审议委员会审议通过的认证结论建议,认证结论审议委员会需按原程序重新审议。重新审议后,再次向理事会提交新的认证结论建议。如果理事会再次投票后仍未批准认证结论,则由理事会直接作出认证结论。

理事会批准的认证报告及认证结论应在 15 日内分送相关学校,如果学校对认证结论有异议,可向监事会提出申诉,由监事会作出最终裁决。

理事会批准的认证结论或监事会作出的裁决由认证协会负责发布。

7. 认证结论

认证结论分为三种。

(1) 通过认证,有效期 6 年:达到标准要求,无标准相关的任何问题。

(2) 通过认证,有效期 6 年(有条件):达到标准要求,但有问题或需关注事项,不足以保持 6 年有效期,需要在第三年提交改进情况报告,根据问题改进情况决定"继续保持有效期"或是"中止有效期"。

(3) 不通过认证:存在未达到标准要求的不足项。

结论为"不通过认证"的专业,一年后允许重新申请认证。

7.2.4.6　认证状态保持

通过认证的专业所在学校应认真研究认证报告中指出的问题和不足,采取切实有效的措施进行改进。

若认证结论为"通过认证,有效期 6 年",学校应在有效期内持续改进工作,并在第三年年底前提交持续改进情况报告,认证协会备案,持续改进情况报告将作为再次认证的重要参考。

若认证结论为"通过认证,有效期 6 年(有条件)",学校应根据认证报告所提问题,逐条进行改进,并在第三年年底前提交持续改进情况报告。认证协会将组织各专业类认证委员会对持续改进情况报告进行审核,根据审核情况给出以下三种意见:①"继续保持有效期"(已经改进,或是未完全改进但能够在 6 年内保持有效期);②"中止认证有效期"(未完全改进,难以继续保持 6 年有效期);③"需要进校核实"(根据核实情况决定"继续保持有效期"或是"中止认证有效期")。对"中止认证有效期"的专业,认证协会将动态调整通过认证专业名单。

如学校未按时提交持续改进情况报告,秘书处将通知其限期提交;逾期仍未提交的,则终止其认证有效期。

通过认证的专业在有效期内如果对课程体系作出重大调整,或师资、办学条件等发生重大变化,应立即向秘书处申请对调整或变化的部分进行重新认证。重新认证通过者,可继续保持原认证结论至有效期届满;否则,终止原认证的有效期。重新认证工作参照原认证程序进行,但可以视具体情况适当简化。

认证协会可根据工作需要,随机抽取部分专业在认证有效期内开展回访工作,检查学校认证状态保持及持续改进情况。回访工作参照原认证程序进行,但可以视具体情况适当简化。

通过认证的专业如果要保持认证有效期的连续性,须在认证有效期届满前至少一年重新提出认证申请。

7.2.5 认证理念

7.2.5.1 以学生为中心

工程教育认证标准体系强调以学生为中心,以培养目标和毕业要求为导向,课程体系为实现手段,师资队伍和支持条件为平台,所有环节都需要进行持续改进,如图 7.3 所示。

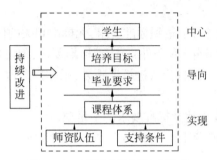

图 7.3 工程教育认证标准体系

以学生为中心还体现在认证过程需要对学生的整个培养过程进行综合考量,如图 7.4 所示。培养目标应基于对学生的培养,教学内容要根据对学生的期望而设计,判断师资与其他支撑条件的原则为是否有利于学生达成预期目标。评价的焦点是对学生表现的评价,所有环节必须考虑全体学生。此外,专业应具有吸引优秀生源的制度和措施,具有完善的学生学习指导、职业规划、就业指导、心理辅导等方面的措施并能够很好地执行落实,对学生在整个学习过程中的表现进行跟踪与评估,并通过形成性评价保证学生毕业时达到毕业要求。

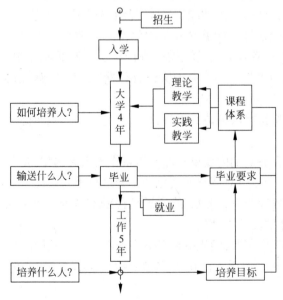

图 7.4 以学生为中心的认证考查全周期

7.2.5.2 成果导向

认证的核心是认证的标准,而工程教育认证标准制定的核心理念不同于以往着重于教育投入的评估,是"以人为本""以学生为本"的基于学生学习结果的准则,即基于学习成果导向的教育(outcomes-based education,OBE)。它着重于在教育过程中、学生毕业时以及工作 5 年后的"学习成果"。

OBE 最早出现于美国和澳大利亚的基础教育改革,随着新工业革命的发展、公共问责制的兴起,以及人们对教育投入的回报与实际产出的现实需要,OBE 成果导向教育在美国、英国、加拿大等国家成为教育改革的主流理念。在 OBE 教育系统中,教育工作者必须对学生毕业时应达到的能力有清楚的构想,然后设计适宜的教育体系来保证学生达到这些预期目标。以学生产出而非教科书或教师经验作为驱动教育系统运作的动力,这与传统上内容驱动和重视投入的教育形成了鲜明对比。从这个意义上说,OBE 教育模式可被认为是一种教育范式的革新。图 7.5 所示为基于 OBE 理念的教学设计流程:以国家社会及教育发展需要、行业产业发展及职场需求、学校定位及发展目标、学生发展及校友期望为逻辑起点,确定专业的培养目标(反映学生毕业后 5 年左右在社会与专业领域预期能够取得的成就),进而确定学生毕业时所应达到能力水平(毕业要求:完全覆盖认证标准),然后将毕业要求指标点进行分解(指标点需清晰、明确、可衡量,易于收集证据并能够证明达成),确定课程体系(每项毕业要求及分解指标点都有足够的教学环节支持),确定每门课的教学要求(课程要求应体现所承担的毕业要求),合理安排教学内容(确保毕业要求指标点的实施、考核)。课程须有达成度评价,学生有毕业要求达成度评价,专业有培养目标达成度评价。整个体系有校内和校外两个大循环,进行持续改进。

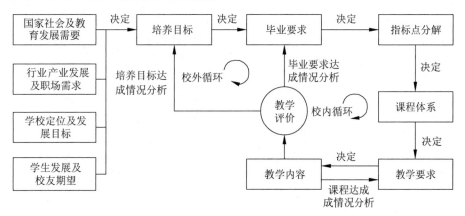

图 7.5 OBE 成果导向教学设计流程

在 OBE 教育系统中,教育者必须对学生毕业时应达到的能力及其水平有清楚的构想,然后设计适宜的教育结构来保证学生达到这些预期目标。学校采取 OBE 模式,会使教育系统和教育模式发生改变。这些变化包括重新聚焦和重新定位教育:从强调方法到强调结果,从无目标的过程到有明确目标的过程,从关注花费的时间到注重结果的完成,从强调进入的要求到强调达到的标准,从教为主到学为主,从关注课程自身体系到关注课程结果,等等。

7.2.5.3 持续改进

专业认证既是过程,又是结论。一方面,它促进学校更新教育理念,完善教学体系,提升教学质量;另一方面,它对过去的教学质量进行总结和评判。尽管高校的教学过程管理机制都比较完善,但由于评价制度、各种外部和内部不利因素的影响,很多专业缺乏对评价结果的利用和持续改进的行动。专业认证特别强调持续改进机制,它是完善人才培养体系的一个重要契机。持续改进需要开展以下工作:

(1) 建立教学过程质量监控机制。各主要教学环节要有明确的质量要求,通过教学环节、过程监控和质量评价促进毕业要求的达成;要定期进行课程体系设置和教学质量的评价。

(2) 建立毕业生跟踪反馈机制。要建立高等教育系统以外有关各方参与的对毕业生的社会评价制度和方法,对学生培养目标是否达成进行定期评价和评价结果分析。

(3) 建立专业持续改进机制。要有对评价结果分析的利用措施和改进的行动,不断地有针对性地将评价结果用于工程教育的各个环节,从而持续改进工程教育中存在的不足。

附　　录

附录 A　麻省理工学院（Massachusetts Institute of Technology）

1. 基本情况

麻省理工学院位于美国马萨诸塞州波士顿都市区剑桥市，主校区依查尔斯河而建，是一所世界著名私立研究型大学。麻省理工学院创立于 1861 年，早期侧重应用科学及工程学，在第二次世界大战后，麻省理工学院依靠美国国防科技的研发需要而迅速崛起。在"二战"和"冷战"期间，麻省理工学院的研究人员对计算机、雷达以及惯性导航系统等科技发展作出了重要贡献。

麻省理工学院机械工程关注从分子到大型复杂系统的各种尺度产品、流程和动力的开发；机械工程的基本原理和技术贯穿于运动物体的概念、设计、开发和制造等创造过程的各阶段。麻省理工学院机械工程师将关注未来至关重要的基于质量、运动、力和能量的创新活动。

机械工程是最广泛和通用的工程专业之一，这在麻省理工学院机械工程系（MechE）的相关工作中得到充分体现。近十年来麻省理工学院机械工程系参与了众多领域的项目，从设计坚韧的水凝胶、使用纳米结构表面清洁水、开发有效的稳健设计方法、建造用于陆地和水下探索的机器人、创建优化方法自主生成决策策略，到开发无人驾驶汽车、发明具有成本效益的光伏电池、开发热能和电能存储系统、利用声学探索木星卫星之一的海洋、研究游泳鱼的仿生学以用于水下传感、开发转移性癌症的生理模型、发明新型医疗设备、探索纳米结构和宏观结构的 3D 打印、开发涂层以创建不黏表面等。

2. 培养目标

麻省理工学院机械工程系的使命是为美国和全球探索和发现科学、技术等领域的新知识，并培养和教育高素质的学生。麻省理工学院机械工程系的学生在毕业后的几年内，往往进入研究生阶段的学习，或在行业、非营利组织或公共部门的领导岗位上取得进展，或进行自主创业。在这些岗位上他们将：

（1）应用机械、机电和热力系统相关领域深厚的工作知识或技术基础，以满足客户和社会的需求。

（2）开发创新相关技术并找到工程问题的解决方案。

（3）作为多学科交叉团队的成员，与组员进行有效沟通。

（4）对专业和社会环境保持敏感，并致力于合乎道德的行为。

（5）领导新产品、流程、服务和系统的概念、设计和实施。

3. 毕业要求

麻省理工学院为学生提供严谨的学术研究、多元化的校园环境,激发他们的学习热情。着力培养学生的智慧和创造力,以及造福人类的能力和热情。毕业要求如下:

(1) 通过应用机械工程、科学和数学的基本原理,包括抽象基本信息、批判性评估其有效性和适当假设,来识别、表达和解决复杂的工程问题。

(2) 能应用工程设计来生产满足特定需求的解决方案,同时考虑公共健康、安全和福利,以及全球、文化、社会、环境和经济因素。

(3) 能通过书面报告、公开演讲和视觉媒体等多种方式进行有效沟通。

(4) 具有工程伦理和专业责任,能够在考虑工程解决方案对全球、经济、环境和社会的影响的情况下做出明智的判断。

(5) 具有良好的团队精神,在团队中能够发挥领导作用,创造协作和包容的环境,制订目标、规划任务和实现目标。

(6) 开发和开展合理的实验,分析和解释数据,并得出有效的工程结论。

(7) 能够掌握合理的学习策略,根据需要学习和应用新知识。

(8) 能运用计算机和模拟工具解决机械工程实践中的问题。

(9) 能实施特定的热力和机械系统制造工艺、技术和国家创新。

(10) 能自主设计、完成机械工程与另一交叉学科相结合的个性化计划,并掌握所选的交叉学科知识。

4. 课程体系

麻省理工学院机械工程专业课程体系见表 A.1。

表 A.1 麻省理工学院机械工程专业课程体系

课 程 代 码	课 程 名 称	学 分
2.001	力学与材料 I	12
2.002	力学与材料 II	12
2.003[J]	动力学和控制 I	12
2.004	动力学和控制 II	12
2.005	热流体工程 I	12
2.006	热流体工程 II	12
2.007 或 2.017[J]	设计与制造 I 或机电机器人系统设计	12
2.008	设计与制造 II	12
2.086	机械工程数值计算	12
2.670	机械工程工具	3
2.671	测量和仪器(CI-M)	12
2.THU	本科论文	6
18.03	微分方程	12
选择以下选项之一:12~15		
2.009	产品工程过程(CI-M)	
2.013	工程系统设计(CI-M)	

续表

课程代码	课程名称	学 分
选择以下选项之一：12~15		
2.750[J]	医疗器械设计（CI-M）	
2.760	全球工程（CI-M）	
限制性选修课 以下课程中选两门		
2.014	工程系统开发	
2.016	流体力学	
2.017[J]	机电机器人系统设计	
2.019	海洋系统设计（CI-M）	
2.050[J]	非线性动力学：混沌	
2.12	机器人学概论	
2.14	反馈控制系统的分析与设计	
2.184	运动的生物力学和神经控制	
2.370	纳米工程基础	
2.51	中间传热传质	
2.60[J]	高级能量转换的基础	
2.650[J]	可持续能源导论	
2.71	光学	
2.72	机械设计要素	
2.744	产品设计	
2.782[J]	医疗器械和植入物的设计	
2.797[J]力学	分子、细胞和组织生物	
2.813	能源、材料和制造	
2.853	制造系统导论	
2.96	工程管理	
专业学分		177~180
无限制选修课		48
同时满足基础通识课程的专业单元		36
学位总学分		189~192

附录B 慕尼黑工业大学(Technical University of Munich)

1. 基本情况

慕尼黑工业大学机械工程学院隶属于工程与建筑学部，成立150年以来，一直致力于为人类创造更好、更高效、更先进的技术。慕尼黑工业大学机械工程学院在教育方面始终强调理论与实践的结合、人文与专业能力的共同发展，因此在课程结构上慕尼黑工业大学采用了学科交叉、基础逐渐深化的课程设置方式。同时，在得到优秀企业的支持后，慕尼黑工业大学以机械学院为单位成立的研究所直接与该领域产业发展挂钩，旨在以科研推动教育的教学形式培养出一批专业基础扎实、与产业发展高度契合的机械工程人才。

过去的几年里，慕尼黑工业大学机械工程学院在科研和教学方面一直处于全球领先地位,其机械专业 QS 排名第 23 是最好的证明。由于学院独特的教学形式和出色的教学质量,其毕业生在就业市场上很受欢迎,就业率和就业质量也在德国大学中名列前茅。

2. 培养目标

(1) 能够理解数学、专业技术里的基本概念,定性和定量地描述系统工作相关过程,并使用定律和公式来解决工程问题。

(2) 能够将基础知识用于工程实践,定义和解决机械问题。

(3) 能够应用材料科学、控制工程、流体力学、热力学和热传递、控制工程的方法知识。

(4) 能够应用特定的方法,在实践中使用独立开发的解决方案。

3. 毕业要求

(1) 能够运用工程知识、专业技术解决复杂工程问题。

(2) 能够在考虑公共安全、环境与经济影响的情况下设计满足生产需求的工程方案。

(3) 能够在团队中起到中流砥柱的作用,或者领导团队成员共同发挥作用,创造协作和包容的合作环境,从而制定目标、规划任务、实现目标。

(4) 能够设计和进行相应的工程实验,流畅地分析工程数据以及使用先进的工程软件得出结果或者结论。

4. 课程体系

慕尼黑工业大学机械工程专业课程体系见表 B.1。

表 B.1 慕尼黑工业大学机械工程专业课程体系

课 程 代 码	课 程 名 称	学 分
基 础 测 试		
MA9301	工程师应用数学 1	7
MW1937	工程力学 1	6
基础教育软技能		
MW1458	Garching 辅导系统	4
其他必修基础课程		
MA9302	工程师应用数学 II	7
MA9305	工程师应用数学 III	4
CH1102	化学	3
EI1184	电子技术基础	6
MW1938	工程力学 II	6
MW1939	工程力学 III	7
MW1940	工程设计和生产系统原理	4
MW1980	工程材料 II	5
MW1984	工程材料 I	5
MW2015	热力学基础	6
MW2021	流体力学 I	5

续表

课程代码	课程名称	学　分
其他必修基础课程		
MW2022	自动控制	5
MW2023	传热现象	4
MW2205	机械制图与计算机辅助设计基础	6
MW2206	现代信息技术基础	8
MW2294	机械元件	15
PH9014	工程实验物理实验课程	2
PH9024	工程实验物理	4
WI000728	工商管理基础Ⅰ	3
专业选修课程		
至少10学分(2门课程)		
MW1902	工业自动化	5
MW1903	生物过程工程	5
MW1905	医学与高分子工程基础	5
MW1906	当前和未来核反应堆的技术与应用	5
MW1907	飞行系统动力学与飞行控制导论	5
MW1908	碳复合材料的材料与加工技术	5
MW1909	能源系统Ⅰ	5
MW1910	流体力学Ⅱ	5
MW1913	汽车构造基础	5
MW1914	航天导论	5
MW1915	涡轮机械与飞行推进基础	5
MW1916	内燃机	5
MW1917	工程材料技术Ⅰ	5
MW1918	工业软件工程	5
MW1919	轻型结构	5
MW1920	机器动力学	5
MW1921	物流	5
MW1922	测量技术与医疗辅助设备	5
MW1925	工程师的数值方法	5
MW1926	产品设计与开发	5
MW1927	太阳能工程	5
MW1929	机电一体化中的系统理论	5
MW1930	热分离原理Ⅰ	5
MW1931	热力学Ⅱ	5
MW1932	铸造和金属成形基础	5
MW2029	实验设计和统计	5
MW2149	风能简介	5
MW2156	金属切削加工工艺	5
MW2292	结构力学建模	5

续表

课程代码	课程名称	学分
可选其他学院的学士学位课程		
CH0604	机械过程工程 I	4
EI0610	电气传动基础和应用	5
EI0628	电力电子基础和应用	5
WI000219	投资和财务管理	6
WI001032	商法导论	5
WI001132	成本会计	6
选修实践课程		
MW9901	机械工程通用实践课程	4
MW0262	工业自动化实践课程	4
MW0266	CAD/CAM	4
MW0297	基于计算机的产品开发 &CAD	4
MW0314	材料力学(实践课程)	4
MW0682	材料力学中的有限元(实验课程)	4
MW0721	血管系统	4
MW0992	过程工程	4
MW1009	心血管外科领域的医疗器械技术	4
MW1450	IFR 直升机飞行	4
MW2247	数字生物力学实验室	4
MW2272	交互原型(实践课程)	4
MW2313	计算机辅助工程实用课程 MATLAB/Simulink	4
MW2325	声辐射	4
MW2326	振动声学建模	4
必修实践课		
MW1232	毕业实习	13

附录C 新加坡国立大学(National University of Singapore)

1. 基本情况

新加坡国立大学机械工程系,是世界上排名最高的机械工程系之一。机械学院的课程会定期进行修订,以确保学校学习与全球科技动态的相关性。此外,新加坡国立大学机械工程系还提供各种海外交流项目,以进一步扩大新加坡国立大学机械工程学位的全球影响力。新加坡国立大学机械工程学院的学士学位在全球范围内具有很大的竞争力,确保了学生在工程实践、行业(机械工程之外)、政府部门和科学研究方面的就业机会。

新加坡国立大学机械工程学士(ME)课程通常为4年的全日制学习,前两学期提供基础工程科目的教学,如设计和系统思维,引导学生建立广泛的机械工程知识基础,并通过实习、小组设计项目或个人研究项目进行实践教学。新加坡国立大学机械工程系的课程旨在为学生提供灵活性和全面的视角,使其在扎实科学知识的基础上,为机械工程师的职业生涯以及更高阶段的学习做好准备。

2. 培养目标

(1) 使毕业生具备与机械工程相关的职业知识和能力。
(2) 培养毕业生成为机械工程相关领域的领导者。
(3) 为毕业生在工程或其他专业领域接受更高教育做好准备。

3. 毕业要求

(1) 工程知识:将数学、自然科学、工程基础和工程专业知识应用于解决复杂的工程问题。

(2) 问题分析:研究阅读文献并分析复杂的工程问题,使用数学、自然科学和工程科学的原理得出结论。

(3) 方案的设计/开发:为复杂的工程问题设计解决方案,并设计满足特定需求的系统组件或流程,同时适当考虑公共卫生和安全、文化、社会和环境因素。

(4) 调查:使用基于研究的知识和研究方法对复杂问题进行调查,包括实验设计、数据的分析和解释以及信息的综合,以提供有效的结论。

(5) 现代工具使用:选择和学习适当的技术、资源以及现代工程和 IT 工具,应用到复杂的工程活动中,同时了解其局限性。

(6) 工程师与社会:应用工程知识来评估社会、健康、安全、法律和文化问题以及与专业工程实践相关的后续责任。

(7) 环境与可持续发展:了解专业工程解决方案对社会和环境的影响,并了解可持续发展的知识和需求。

(8) 道德:运用道德原则、遵守工程实践中的职业道德责任和规范。

(9) 个人和团队合作:作为个人,以及作为不同团队和多学科环境中的成员或领导者,有效地发挥作用。

(10) 沟通:与工程界和整个社会就复杂的工程活动进行有效沟通,例如,能够理解和编写有效的报告和设计文档,进行有效的演示,以及给出和接受明确的指示。

(11) 项目管理和财务:作为团队的成员和领导者,展示对工程和管理原则以及经济决策的知识和理解,并将其应用于自己的工作中,来管理项目和多学科环境。

(12) 终身学习:认识到在最广泛的技术变革背景下进行独立和终身学习的必要性并做好准备,具备独立和终身学习的能力。

4. 课程体系

新加坡国立大学机械工程专业课程体系见表 C.1。

表 C.1　新加坡国立大学机械工程专业课程体系

课程代码	课程名称	学　分
核 心 模 块		
ME1102	工程原理与实践Ⅰ	4
ME2104	工程原理与实践Ⅱ	4
ME2102	工程创新与建模	4
ME2112	材料强度	4
ME2115	机器力学	4
ME2121	工程热力学	4
ME2134	流体力学Ⅰ	4
ME2142	反馈控制系统	4
ME2162	制造工艺	4
ME4101A	工学学士论文	8
ME4101B	机械系统设计	8
ME4102	机械工程标准	4
ME4103	机械工程与社会	4
机 械 工 程		
ME2114	材料力学	4
ME2135	中级流体力学	4
ME2143	传感器和执行器	4
ME3000	独立研究Ⅰ	2
ME3001	独立研究Ⅱ	2
ME3122	传热	4
ME3163	信息物理系统导论	4
ME3211	固体力学	4
ME3221	可持续能源转换	4
ME3241	微处理器应用	4
ME3242	自动化	4
ME3243	机器人系统设计(机器人)	4
ME3252	工程师材料工程原理	4
ME3261	计算机辅助设计与制造	4
ME3263	制造和装配设计	4
ME3281	微系统设计与应用	4
ME3291	工程中的数值方法	4
ME4105	专业化研究模块	4
ME4212	飞机结构	4
ME4223	热环境工程	4
ME4225	应用传热	4
ME4226	能源和热力系统	4
ME4227	内燃机	4
ME4231	空气动力学	4
ME4232	小型飞机和无人机	4
ME4233	流体力学中的计算方法	4

续表

课程代码	课程名称	学　分
机械工程		
ME4241	飞机性能和稳定性	4
ME4242	软机器人	4
ME4245	机器人力学与控制	4
ME4248	制造仿真和数据通信	4
ME4252	用于能源工程的纳米材料	4
ME4253	生物材料工程	4
ME4255	材料失效	4
ME4261	工具工程	4
ME4262	制造业自动化	4
ME4263	产品开发基础	4
ME4291	有限元分析	4

附录D　斯坦福大学(Stanford University)

1. 基本情况

斯坦福大学机械工程本科课程旨在让每个学生接触理论和实践知识，这些知识与经验构成了学生们进行研究发明与解决实际问题的基础。同时，斯坦福大学为学生们提供了一个良好的积累知识和自我认知的学习环境，从而扩展了学生们未来可从事并解决实际问题的领域。

完成该培养计划的毕业生们会有更多的选择和机会，从机械工程师的入门级工作到工程学科或其他具有广泛工程背景领域的研究生学习。无论最终的职业选择如何，毕业生都对机械工程的原理和实践有着坚实的基础，有足够的能力开始后续的学习。

2. 培养目标

(1) 具有在不同组织中完成工作的科学和技术背景。
(2) 成为行业和社区的领导者和有效的沟通者。
(3) 有足够的动力和能力去攻读工程领域或者其他领域的研究生课程。
(4) 利用学到的专业知识和职业道德完成其职业生涯，并为社会作出贡献。

3. 毕业要求

(1) 能够运用工程、科学和数学原理来识别、表述和解决复杂工程问题。
(2) 能够应用工程设计来制订满足特定需求的解决方案，同时考虑公共卫生、安全和福利以及全球、文化、社会、环境和经济因素。
(3) 具备与他人进行有效沟通的能力。
(4) 能够认识到机械工程师的道德和专业责任，并且考虑到工程方案在全球、经济、环境和社会背景下的影响。

（5）能够在一个团队成员共同发挥领导作用，创造协作和包容的环境，建立目标、规划任务和实现目标的团队中有效运作。

（6）能够设计和进行工程实验，分析和处理数据，并使用工程知识得出结论。

（7）能够根据需要，运用适当的学习策略，获取和应用新的知识。

4．课程体系

斯坦福大学机械工程专业课程体系见表 D.1。

表 D.1 斯坦福大学机械工程专业课程体系

课程代码	课程名称	学 分
工程基础课程		
ENGR 14	固体力学导论	3
CS 106A	编程方法	5
机械工程核心课程		
ENGR 15	动力学	3
ME1	机械工程导论	3
ME30	工程热力学	3
ME70	流体工程导论	3
ME80	材料力学	3
ME102	产品制造基础	3
ME103	产品实现：设计和制造	4
ME104	机械系统设计	4
ME123 or ME151	计算工程或计算力学导论	4
ME131	传热学	4
机械工程顶尖课程（两者兼修）		
ME170A	机械工程设计：集成工程	4
ME170B	机械工程设计：集成工程	4
核心主修及选修课		
ME 161	动态系统、振动和控制	3
ENGR 105	反馈控制设计	3
ME 327	触觉系统的设计与控制	3
ENGR 205	控件设计技术导论	3
ME 210	机电一体化导论	4
ME 220	传感器导论	3~4
ME 331A	高级动力学与计算	3
ME 485	人体运动的建模和模拟	3
ME 149	机械测量	3
ME 152	材料行为和故障预测	3

续表

课程代码	课程名称	学分
核心主修及选修课		
ME 234	神经力学导论	3
ME 241	纳米材料的力学行为	3
ME 281	运动的生物力学	3
ME 283	生物力学与机械生物学导论	3
ME 287	生物组织力学	4
ME 331A	高级动力学与计算	3
ME 335A	有限元分析	3
ME 338	连续介质力学	3
ME 339	使用 MPI、OpenMP 和 CUDA 的并行计算简介	3
ME 345	疲劳设计与分析	3
ME 348	实验应力分析	3
ME 127	增材制造设计	3
ME 128	计算机辅助产品实现	3
ME 129	制造工艺和设计	3
ENGR 110	机械辅助技术原理	1~3
ENGR 240	微纳米机电系统导论	3
ME 106	工程师概率与统计导论	4
ME 210	机电一体化导论	4
ME 226	机械设计工程中的数据素养	3
ME 325	注塑成形	3
ME 263 或 ME 298	椅子或银饰设计	4
ME 280	机械工程设计实习(原 ME 181)	
ME 309*	机械设计中的有限元分析	3
ME 324	精密工程	4
ME 132	中级热力学	4
ME 133	中级流体力学	3
ME 149	机械测量	3
ME 250	内燃机	3
ME 257	燃气轮机设计分析	3
ME 351A	流体力学	3
ME 351B	流体力学	3
ME 352A	辐射传热	3
ME 352B*	热传导基础	3
ME 362A	气体动力学	3
ME 370A	能源系统Ⅰ:热力学	3
ME 370B	能源系统Ⅱ:建模和高级概念	4
ME 371	燃烧学基础	3
AA 283	飞机和火箭推进学	3

附录 E 密歇根大学(University of Michigan)

1. 基本情况

密歇根大学位于美国密歇根州安娜堡,是美国历史最为悠久的研究型大学之一,被誉为公立常春藤。

密歇根大学机械工程系的工程项目、学生、教师都享有世界级的声誉,在制造业和汽车工程等传统领域也具有国际公认的领导力。作为一所一流的工程学院,密歇根大学机械工程系将工作集中在重要的社会挑战和举措上,如大数据、机器人、先进材料、可持续性发展、交通工程等。密歇根大学的本科生机械工程课程为学生奠定了该学科核心技术能力的良好基础:热与流体科学、固体力学与材料、动力学与控制。学院的设计、制造和实验室也进一步整合了这些主题。此外,还提供了一系列技术选修课,学生可以根据自己的职业需求量身定制机械工程教育。

2. 培养目标

密歇根大学机械工程系的本科课程安排旨在让学生们成为在工程行业、政府部门、学术界和咨询领域有积极影响力的人。在毕业后的三到五年,密歇根大学的毕业生将:

(1) 他们学到的工程知识、批判性思维和解决问题的技能完整地应用于专业工程实践或非工程领域。

(2) 通过进入研究生阶段的学习、进行自我就业指导或在职培训,促进自我发展和个人成长。

(3) 在个人的职业生涯中,能较好地扮演领导或协作者的角色。

3. 毕业要求

(1) 能够应用工程、科学和数学原理来识别、表述和解决复杂的工程问题。

(2) 能够应用工程设计,在考虑公共卫生、安全和福利以及全球、文化、社会、环境和经济因素的情况下,制订满足特定需求的解决方案。

(3) 能够与合作者进行有效沟通。

(4) 能够认识到工程情况下的道德和专业责任并作出明智的判断,这必须考虑工程解决方案在全球、经济、环境和社会背景下的影响。

(5) 能够在团队中有效运作,团队成员共同发挥领导作用,创造协作和包容的环境,建立目标、规划任务和实现目标。

(6) 能够开发和进行适当的实验,分析和解释数据,并使用工程判断得出结论。

(7) 能够根据需要使用适当的学习策略,获取和应用新的知识。

4. 课程体系

密歇根大学机械工程课程体系见表 E.1。

表 E.1 密歇根大学机械工程课程体系

课程代码	课程名称	学分
核心课程		
ME 250	设计与制造 I	4
ME 350	设计与制造 II	4
ME 450/455	设计与制造 III/分析产品设计	4
ME 211	固体力学导论	4
ME 240	动力学与振动导论	4
ME 360	系统建模、分析和控制	4
ME 235	热力学 I	4
ME 320	流体力学入门	3
ME 335	传热学	3
ME 395	实验室规范 I	4
ME 495	实验室规范 II	4
技术选修课		
ME 305	机械工程有限元导论	3
ME 311	材料强度	3
ME 406	生物力学(工程专业)	3
ME 412	材料强度	3
ME 451	先进材料特性	3
ME 456	组织力学	3
ME 452	可制造性设计	3
ME 458	汽车工程	3
ME 481	制造工艺	3
ME 482	机械加工工艺	3
ME 483	制造系统设计	3
ME 487	焊接	3
ME 489	可持续工程与设计	3
ME 424	工程声学	3
ME 440	中级动力学和振动	4
ME 461	自动控制	3
ME 336	热力学 II	3
ME 420	流体力学 II	3
ME 432	燃烧学	3
ME 433	先进能源解决方案	3
ME 438	内燃机	4
ME 476	生物流体力学	4
ME 400	机械工程分析	3
专业选修课		
ME 401	统计质量控制与设计	3
ME 457	前端设计	3
ME 501	机械工程数学方法	3
ME 502	力学微分方程	3
ME 505	机械工程中的有限元方法	3

续表

课程代码	课程名称	所获学分分配
专业选修课		
ME 507	材料的原子计算机建模	3
ME 511	固体连续理论	3
ME 512	弹性理论	3
ME 513	汽车车身结构制造	3
ME 515	接触力学	3
ME 516	薄膜和层状材料力学	3
ME 517	聚合物力学	3
ME 519	可塑性理论	3
ME 520	高级流体力学	3
ME 524	高级工程声学	3
ME 527	多相流	3
ME 533	辐射传热	3
ME 561	数字控制系统设计	3
ME 564	线性系统理论	4
ME 567	机器人运动学与动力学	3
ME 576	机械设计中的疲劳	3
ME 584	先进机电一体化制造	3
ME 586	激光材料加工	3
ME 582	金属成形塑性	3
ME 568	车辆控制系统	3
ME 565	电池系统与控制	3
ME 563	时间序列建模和系统分析	3
ME 589	技术系统的可持续设计	3
ME 599	机械工程专题	3~6
学院核心课程		
Math 115	微积分Ⅰ	4
Math 216	微分方程简介	4
Engineering 100	工程概论	4
Engineering 101	计算机与编程导论	4
Chemistry 130	大学化学Ⅰ	3
Chemistry 125/126	大学化学Ⅱ	2
Physics 140	大学物理Ⅰ	4
Physics 240	大学物理Ⅱ	4
电工学		
EECS 314	电路系统和应用	4
EECS 215	电子电路导论	4

参 考 文 献

[1] 中国机械工程学科教程组. 中国机械工程学科教程[M]. 北京：清华大学出版社，2008.
[2] 中国机械工程学科教程研究组. 中国机械工程学科教程：2017 年[M]. 北京：清华大学出版社，2017.
[3] 张策. 机械工程史[M]. 北京：清华大学出版社，2015.
[4] 张策. 机械工程简史[M]. 北京：清华大学出版社，2015.
[5] 中国机械工程学会. 中国机械史：通史卷[M]. 北京：中国科学技术出版社，2015.
[6] 中华人民共和国教育部高等教育司. 普通高等学校本科专业目录和专业介绍[M]. 北京：高等教育出版社，2012.
[7] 中华人民共和国教育部. 教育部关于公布 2022 年度普通高等学校本科专业备案和审批结果的通知[EB/OL].（2023-04-06）[2023-06-10]. http://www.moe.gov.cn/srcsite/A08/moe_1034/s4930/202304/t20230419_1056224.html.
[8] 李志义.《华盛顿协议》毕业要求框架变化及其启示[J]. 高等工程教育研究，2022，(3)：6-14.
[9] 教育部高等学校教学指导委员会. 普通高等学校本科专业类教学质量国家标准[M]. 北京：高等教育出版社，2018.
[10] 中国工程教育专业认证协会. 工程教育认证标准：T/CEEAA 001—2022[J]. 北京.
[11] 中国机械工程学会. 中国机械工程技术路线图：2021 版[M]. 北京：机械工业出版社，2022.
[12] 创新设计发展战略研究项目组. 中国创新设计路线图[M]. 北京：中国科学技术出版社，2016.
[13] 钱学森. 创建系统学：新世纪版.[M]. 上海：上海交通大学出版社，2007.
[14] International Engineering Alliance. Graduate Attributes and Professional Competences[EB/OL].（2021-06-21）[2023-06-16]. https://www.ieagreements.org/assets/Uploads/IEA-Graduate-Attributes-and-Professional-Competencies-2021.1-Sept-2021.pdf.
[15] 姚韬，王红，余元冠. 我国高等工程教育专业认证问题的探究：基于《华盛顿协议》的视角[J]. 大学教育科学，2014，(4)：28-32.
[16] 方峥. 中国工程教育认证国际化之路：成为《华盛顿协议》预备成员之后[J]. 高等工程教育研究，2013(6)：72-76,175.
[17] 崔瑞锋，田东平. 全球视野下欧洲工程教育项目的跨国认可与认证[J]. 高等工程教育研究，2008(2)：36-39.
[18] 迈克尔·密立根. 乔伟峰，等. 服务公众 保证质量 激励创新：ABET 工程教育认证概述[J]. 清华大学教育研究，2015，36(1)：21-27.
[19] 中国机械工程学会设备与维修工程分会.《英国工程委员会》情况介绍[J]. 设备管理与维修，2010(4)：4-5.
[20] 姚威，邹晓东. 欧洲工程教育一体化进程分析及其启示[J]. 高等工程教育研究，2012(3)：41-46.
[21] 陈春晓，于东红. 我国工程教育专业认证的发展历程及现状分析[J]. 中国电子教育，2014(3)：4-7.
[22] 教育部高等学校机械类专业教学指导委员会. 智能制造工程教程[M]. 北京：高等教育出版社，2022.
[23] Massachusetts Institute of Technology. Mechanical Engineering（Course 2）[EB/OL].（2013-06-01）[2023-05-26]. http://catalog.mit.edu/subjects/2/.
[24] The Entrepreneurial University - TUM. Maschinenwesen-Bachelor of Science（B. Sc.）[EB/OL].（2022-03-29）[2023-05-26]. https://www.tum.de/studium/studienangebot/detail/maschinenwesen-bachelor-of-science-bsc.
[25] NUS-National University of Singapore. Curriculum Structure-NUS Mechanical Engineering[EB/OL].

(2021-08-01)[2023-05-26]. https://cde.nus.edu.sg/me/undergraduate/beng-me/curriculum/.

[26] Stanford University. Mechanical Engineering Program[EB/OL].(2022-10-21)[2023-05-26].https://ughb.stanford.edu/majors-minors/mechanical-engineering-program.

[27] University of Michigan. Undergraduate Degree Program[EB/OL].(2021-04-18)[2023-05-26].https://bulletin.engin.umich.edu/depts/me/ug/.